"十四五"职业教育国家规划教材（修订版）

U0174434

液压与气压传动技术

第 2 版

主　编　陈丽芳　孟　辉

副主编　周　霖

参　编　慕　君　秦　胜　郝秀芹　王　平

机械工业出版社

本书为"十四五"职业教育国家规划教材修订版,共分为 8 个项目、23 个任务,主要内容包括液压与气压传动系统的认知、液压系统中压力的产生与测量、常见液压泵的拆装与工作原理验证、活塞缸的运动特性测试、常见液压阀的拆装、液压回路连接、气动回路连接与控制、液压与气压传动系统应用实例,旨在让学生在实践操作中学习液压、气压动力元件,执行元件,控制元件及辅助元件,基本回路等知识。每个任务后面都配有一定量的巩固和提高练习题,用于检验学习效果。本书采用"校企合作"模式,同时运用了"互联网+"形式,在重要知识点嵌入二维码,方便读者理解相关知识,进行更深入的学习。

本书可作为中等职业学校机械制造技术等专业的教材,也可作为企业培训机构的培训教材。

图书在版编目(CIP)数据

液压与气压传动技术/陈丽芳,孟辉主编. —2 版. —北京:机械工业出版社,2023.12(2024.6重印)

"十四五"职业教育国家规划教材:修订版

ISBN 978-7-111-73976-0

Ⅰ.①液… Ⅱ.①陈… ②孟… Ⅲ.①液压传动-中等专业学校-教材②气压传动-中等专业学校-教材 Ⅳ.①TH137②TH138

中国国家版本馆 CIP 数据核字(2023)第 187817 号

机械工业出版社(北京市百万庄大街 22 号 邮政编码 100037)

策划编辑:黎 艳 责任编辑:黎 艳
责任校对:樊钟英 封面设计:张 静
责任印制:常天培

河北京平诚乾印刷有限公司印刷

2024 年 6 月第 2 版第 4 次印刷

184mm×260mm · 12 印张 · 295 千字

标准书号:ISBN 978-7-111-73976-0

定价:43.00 元

电话服务　　　　　　　　　网络服务

客服电话:010-88361066　　机 工 官 网:www.cmpbook.com

　　　　　010-88379833　　机 工 官 博:weibo.com/cmp1952

　　　　　010-68326294　　金 书 网:www.golden-book.com

封底无防伪标均为盗版　　机工教育服务网:www.cmpedu.com

前言

本书第 1 版自 2015 年 12 月出版以来，受到广大职业院校师生、社会读者的一致好评，并于 2023 年 6 月被评为"十四五"职业教育国家规划教材。本次修订是根据《国家职业教育改革实施方案》有关精神和要求，在广泛听取教材使用院校意见和建议的基础上进行的。本次修订保持了第 1 版特色，充分贯彻职业教育的培养目标、教学要求，突出科学性、实践性、生动性和思想性。

党的二十大报告指出"实施科教兴国战略，强化现代化建设人才支撑"，将"大国工匠"和"高技能人才"纳入国家战略人才行列。本书强调技能的培养和训练，根据每个项目的技能点，设计了包含技能点的、学生感兴趣的实践操作，让学生在实践操作过程中加强对所学知识的理解及技能点的训练。书中以图解的形式由浅入深地介绍了液压气动控制元件、执行元件及辅助元件、基本回路等相关知识，同时围绕这些基本知识设计了液压系统中压力的产生与测量、齿轮泵的拆装与结构图绘制、叶片泵的拆装与结构图绘制、柱塞泵的拆装与结构图绘制、单向阀的拆装与结构图绘制、换向阀的拆装与结构图绘制、溢流阀的拆装与结构图绘制、减压阀的拆装与结构图绘制、顺序阀的拆装与结构图绘制、液压回路与气动回路的连接等任务，并列举了数控机床的液压系统、气动机械手的气压传动系统实例。

为适应新时代职业教育教学改革中出现的新情况、新要求，书中倡导开放式、探究式教学模式，鼓励构建师生互动、生生互动的教学氛围，积极引导学生开展课外活动（或课外调研），开展探究式教学活动，培养学生的核心素养、职业能力、信息素养和工匠精神；培养学生良好的自学能力和思维方法，提升学生的可持续发展能力和终身学习能力。

本书新增知识拓展内容，合理融入中国制造、中国科技史等，落实专业精神、职业精神、创新精神、中华文明史教育，同时运用了"互联网+"技术，在重要知识点嵌入二维码，读者通过智能手机扫描，便可观看相关的多媒体内容，方便读者理解相关知识，进行更深入的学习。

本书建议学时为 60 学时，参考学时见下表，各学校可根据具体情况进行调整。

项　目	教 学 内 容	建议学时
项目1	液压与气压传动系统的认知	4
项目2	液压系统中压力的产生与测量	4
项目3	常见液压泵的拆装与工作原理验证	8
项目4	活塞缸的运动特性测试	4
项目5	常见液压阀的拆装	12
项目6	液压回路连接	10
项目7	气动回路连接与控制	16
项目8	液压与气压传动系统应用实例	2
合　计		60

　　本书由陈丽芳、孟辉任主编，周霖任副主编，陈丽芳编写项目5，孟辉编写项目1、项目8，周霖编写项目3，慕君编写项目6、项目7，秦胜编写项目2、项目4；郝秀芹制作了知识点微课，王平负责电子课件统筹。

　　由于编者水平有限，书中不足之处在所难免，敬请各位读者批评指正。

编　　者

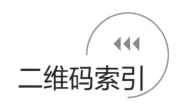
序号	名　称	二维码	页码	序号	名　称	二维码	页码
1	认识液压传动系统		2	11	顺序阀		86
2	液压系统中压力的产生		11	12	液压压力控制回路		93
3	齿轮泵的结构及工作原理		32	13	液压速度控制回路		103
4	叶片泵的结构及工作原理		39	14	液压方向控制回路		114
5	柱塞泵的结构及工作原理		45	15	多执行元件方向控制回路		121
6	活塞缸		52	16	气动压力控制回路		140
7	单向阀		64	17	气动方向控制回路		149
8	换向阀		67	18	气动速度控制回路		159
9	溢流阀		74	19	识读数控车床的液压系统		174
10	减压阀		82	20	识读气动机械手气压传动系统		180

目录

前言

二维码索引

项目 1 液压与气压传动系统的认知 …… 1

  任务 认识液压与气压传动系统的工作

        原理 ……………………………………… 2

项目 2 液压系统中压力的产生与

    测量 ………………………………… 10

  任务 1 液压系统中压力的产生 ………… 11

  任务 2 液压系统中压力的测量 ………… 19

项目 3 常见液压泵的拆装与工作原理

    验证 ………………………………… 28

  任务 1 齿轮泵的拆装与结构图绘制 …… 29

  任务 2 叶片泵的拆装与结构图绘制 …… 38

  任务 3 柱塞泵的拆装与结构图绘制 …… 44

项目 4 活塞缸的运动特性测试 ……… 51

  任务 活塞缸运动特性验证实验 ………… 52

项目 5 常见液压阀的拆装 …………… 61

  任务 1 单向阀的拆装与结构图绘制 …… 62

  任务 2 换向阀的拆装与结构图绘制 …… 66

  任务 3 溢流阀的拆装与结构图绘制 …… 73

  任务 4 减压阀的拆装与结构图绘制 …… 80

  任务 5 顺序阀的拆装与结构图绘制 …… 85

项目 6 液压回路连接 ………………… 91

  任务 1 压力控制回路连接 ……………… 92

  任务 2 速度控制回路连接 ……………… 102

  任务 3 方向控制回路连接 ……………… 113

  任务 4 多执行元件方向控制回路连接 … 120

项目 7 气动回路连接与控制 ………… 131

  任务 1 压力控制回路连接 ……………… 132

  任务 2 方向控制回路连接 ……………… 143

  任务 3 速度控制回路连接 ……………… 152

  任务 4 常用气动回路连接 ……………… 158

  任务 5 电车、汽车自动开门装置回路

        连接 ……………………………… 166

项目 8 液压与气压传动系统应用

    实例 ………………………………… 173

  任务 1 识读数控机床的液压系统 ……… 174

  任务 2 识读气动机械手气压传动系统 … 180

参考文献 ………………………………… 185

1

项目1 液压与气压传动系统的认知

项目描述

本项目主要目的是建立对液压与气压传动知识技能的认知，学生通过视频、动画课件、动手实验、学习基础知识等过程来完成教学目标。学习液压与气压传动原理、系统组成、特点及应用，使学生熟知液压与气压传动系统是机电设备不可或缺的组成部分，以更好地了解、操作和维护机电设备。

项目目标

知识目标

1. 对液压与气压传动知识有一定的了解和认识。

2. 学习液压与气压传动的特点并了解其在工业、农业生产中的广泛应用。

技能目标

1. 了解液压与气压传动系统的工作原理及动作。

2. 了解液压与气压传动系统的组成及各部分在传动中的功用。

素质目标

1. 围绕知识目标，树立职业素养理念，培养学生的爱国情怀、社会责任感、职业道德，树立良好的绿色环保意识、安全意识和学科核心素养。

2. 通过了解液压与气压传动系统在生产生活中的应用，鼓励学生勇于探索、敢于创新，培养学生的创新思维和实践能力。

任务　认识液压与气压传动系统的工作原理

工业生产中各个部门应用液压与气压传动技术的出发点不同，有的是利用它们在传递动力上的长处，如工程机械行业和航空工业中采用液压传动系统主要是因其结构简单、体积小、重量轻、输出的功率大；有的是利用它们在操纵控制方面的优势，如机床上采用液压传动系统是因其在工作过程中能实现无级调速、易于实现频繁的换向、易于实现自动化；在采矿、冶炼、化工等行业，采用气压传动系统是因其使用空气作为工作介质对环境适应性好，能防爆、防燃等特点；在印染、印刷等轻工业和医药、食品行业，是利用了气压传动操作方便且无污染的特点。随着机电一体化设备的自动化程度不断提高，液压与气压系统在机电设备中的应用越来越广，元件小型化、系统集成化已是发展的必然趋势，如图 1-1 所示。

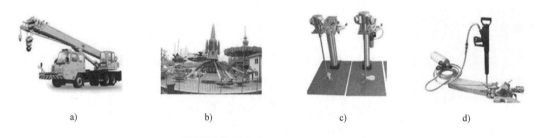

　　　　　a)　　　　　　　　　　　b)　　　　　　　　　　c)　　　　　　　　　　d)

图 1-1　液压与气压传动系统的应用

a）起重机　b）游乐场的旋转升降飞机　c）气动搅拌机　d）建筑用的气镐

任务目标

1. 了解液压与气压传动系统的基本结构组成。
2. 了解液压与气压传动系统的基本工作原理。
3. 了解液压与气压传动系统的特点及其在工业、农业生产中的广泛应用。

任务要求

1. 各小组接受任务后讨论并制订任务实施计划。
2. 对相关知识进行学习。
3. 能按要求对回路进行连接。
4. 能对操作中出现的故障进行分析并排除。
5. 在操作中养成良好的职业道德和职业素养。

注意事项

1. 各组任务目标必须明确一致。
2. 必须按规程操作，以免发生危险。
3. 遵守安全文明操作。

实施流程

序号	工作内容	教师活动	学生活动
1	布置任务	下达任务书,组织小组讨论学习	接受任务,明确工作内容
2	知识准备	讲解液压与气压传动系统在生产生活中的意义,了解液压和气压传动系统的组成、原理及动作	了解液压与气压传动的历史
			了解帕斯卡定律
			了解液压与气压传动的结构、特点
3	实践操作	讲解液压千斤顶的作用和原理,演示简易千斤顶的制作过程,组织学生进行简易型千斤顶的制作,并巡视指导	选择元件
			安装支架
			安装简易千斤顶
			液压回路的调试与模拟排除故障
4	考核评价	按具体评分细则对学生进行评价	按具体评分细则进行自评、组评

知识准备

一、液压与气压传动技术的历史

1. 发展历程

第一阶段:液压传动技术从17世纪帕斯卡提出液体压强原理开始,到1795年世界上第一台水压机诞生,历经100多年,但由于当时缺少成熟的液压传动技术和液压元件,且工艺制造水平低下,使其发展缓慢,几乎停滞。气压传动技术始于公元前,埃及人开始采用风箱产生压缩空气助燃,至18世纪的产业革命,开始逐渐应用于各类行业中。

第二阶段:20世纪30年代,由于工艺制造水平的提高,开始生产液压元件,并首先应用于机床。

第三阶段:20世纪50~70年代,工艺制造水平有了很大提高,液压与气压传动技术也迅速发展,国民经济各个领域:从蓝天到水下,从军用到民用,从重工业到轻工业到处都应用到液压与气压传动技术,且其应用水平的高低已成为一个国家工业发展水平的标志。如:火炮的跟踪,飞机和导弹炮塔的稳定,海底石油探测平台的固定,煤矿矿井的支承,矿山用的风钻,火车的制动装置,液压装载机、起重机、挖掘机、轧钢机组,数控机床、多工位组合机床、全自动液压机床、液压机械手等。

我国的液压与气压传动技术从20世纪60年代开始发展较快,但其发展速度还是落后于同期发达国家,主要由于制造工艺水平不足,尽管新产品研制开发水平与发达国家不相上下,但制造比较困难,希望我们能用自己所学为我国液压与气压传动技术的发展做出贡献。

2. 发展趋势

液压与气压传动技术向高压、高速、高效率、大流量、大功率、微型化、低噪声、低能耗、经久耐用、高度集成化、机电一体化方向发展。

二、帕斯卡定律

帕斯卡定律又称液体静压传递原理,指加在密闭液体任何一部分上的压强,必然按照其原来的大小由液体向各个方向传递。只要液体仍保持其原来的静止状态不变，液体中任一点的压强均将发生同样大小的变化。这就是说，在密闭容器内，施加于静止液体上的压强将同时传到各点。帕斯卡定律是流体力学中的基本定律之一，由法国数学家、物理学家帕斯卡于1653年提出，在流体机械工程中应用广泛。

　　液压千斤顶就是依据帕斯卡定律制作的。如图1-2所示，当某人在小活塞上跳跃，他就向液压系统施加压力，压力也同样作用于大的活塞。在较大的区域，压力所产生的作用力能将车辆顶起。

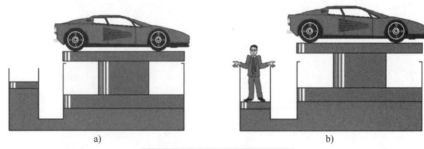

a)　　　　　　　　　　　　　　　　　　　b)

图 1-2　液压千斤顶的工作原理

a）施加力前　b）施加力后

压力可以用下面公式计算

$$P = \frac{F}{A}$$

式中　P——液体静压力，单位为 N/m^2 或 Pa。

三、液压与气压传动的特点

1. 液压传动的特点

（1）优点

1）体积小、重量轻、结构紧凑。液压传动系统的外形尺寸是同功率电动机的12%，重量是同功率电动机的10%~20%。

2）可以实现无级调速。

3）传递运动平稳、润滑好、使用寿命长。

4）易于实现自动化。

5）易于实现过载保护。

6）相对制造容易。

（2）缺点

1）液压传动系统有泄漏，效率低。

2）油温变化时对传动性能有影响。

3）制造精度要求高。

4）故障不易查找。

2. 气压传动的特点

（1）优点

1）以空气为工作介质，来源方便，且用后可直接排入大气而不污染环境。

2）空气的黏性很小，其损失也很小，节能、高效，适于远距离输送。

3）动作迅速、反应快、维护简单、不易堵塞。

4）工作环境适应性好，安全可靠。

5）成本低、过载能自动保护。

（2）缺点

1）工作速度稳定性稍差。

2）不易获得较大的推力或转矩。

3）有较大的排气噪声。

4）由于空气无润滑性能，需在气路中设置给油润滑装置。

四、液压系统的构成

液压系统主要由五部分组成，有动力元件（液压泵）、执行元件（液压缸或者液压马达）、控制元件（各种阀类）、辅助元件和工作介质（液压油），如图1-3所示。

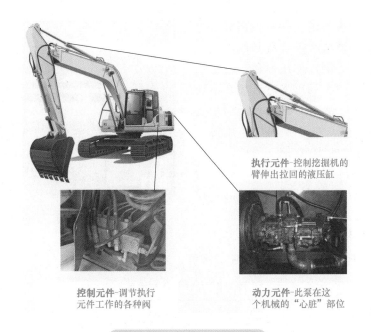

执行元件-控制挖掘机的臂伸出拉回的液压缸

控制元件-调节执行
元件工作的各种阀

动力元件-此泵在这
个机械的"心脏"部位

图 1-3 液压系统的主要构成

1）动力元件（液压泵）的作用是将原动机所提供的机械能转变为工作介质压力能，是液压系统中的动力部分。

2）执行元件包括液压缸或者液压马达，可以通过液压缸的直线运动，或者液压马达的旋转运动将液体的液压能再转换成机械能。

3）控制元件包括压力控制阀、流量阀和方向阀等。它们的作用是根据需要无级调节原动机的速度，并对液压系统中工作液体的压力、流量和流向进行调节控制。

4）辅助元件指除上述三部分以外的其他元件，包括压力表、滤油器、蓄能装置、冷却器、管件（主要包括：各种管接头、高压球阀、快换接头、软管总成、测压接头、管夹、油箱等），它们同样十分重要。

5）工作介质指各类液压传动中的液压油或乳化液，它们经过液压泵和电动机实现能量转换。

综上所述，它们共同组成一个完整的液压传动系统。

实践操作

一、原理图的识读与元件的选择

1. 识读液压千斤顶的原理图

如图 1-4 所示，用一根管子将两个充满液体（水或油）的容器连起来，其中一个容器横截面很大，另一个容器横截面则很小，假设它是大的横截面的 1/1000。如果用一个活塞 A 向下压横截面小的容器的液面，液体就受到了一个压力，这个压力的强度会按照原来的大小传递到液体表面的任何其他部分，包括在大横截面容器里与活塞 B 接触的液体表面。压强等于作用力除以作用面积。根据帕斯卡定律，活塞 A 下面的压强与活塞 B 下面的压强相等，又由于活塞 B 下的作用面积是活塞 A 下的 1000 倍，在 B 上面的作用力就应是 A 上的作用力的 1000 倍。因此，为了将一辆 1t 的汽车抬起来，只要 1kg 的作用力就够了。液压制动器、压缩机、汽车的千斤顶、水泵等许多机器都得益于这一原理。

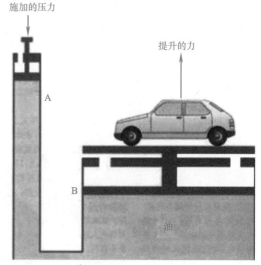

图 1-4　液压千斤顶的原理图

2. 选择元件及耗材

根据液压千斤顶实验列出元件及耗材清单，见表 1-1。

表 1-1　元件及耗材清单

元件名称	个数	元件名称	个数
砝码	1套	连接管	1个
大注射器	1个	支架	1个
小注射器	1个	夹钳	2个
磅秤	1个		

二、液压回路的安装与检查

1. 对照液压千斤顶的原理图，安装元件

利用两个去掉了针头的注射器，我们制作一个简易小型液压千斤顶装置，如图 1-5 所示。

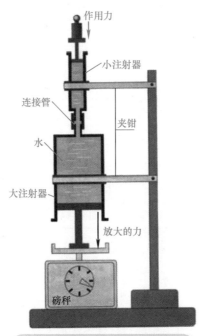

图1-5 简易小型液压千斤顶装置

例如，用一个横截面为 $5cm^2$ 输血用的粗注射器和一个横截面为 $0.5cm^2$ 的很小的注射器，将它们的开口用又粗又短的管子连起来。根据帕斯卡定律，力的转化系数大约为10。将水、油或其他的液体灌满注射器，即两个活塞中间的全部空间，注意将气泡排除掉。然后一人用大拇指挤压一个活塞，另一人同时用大拇指挤压另一个活塞。我们可以将这个小的游戏取名为"铁大拇指的较量"，或者名为"帕斯卡大拇指的较量"。**当然，谁挤压细小的注射器，谁就会不费力气地取胜。**

液压回路的安装过程，见表1-2。

表1-2 液压回路的安装过程

步 骤	操 作 过 程
第一步	固定好支架,将磅秤放在合适位置
第二步	用夹钳固定好吸水的大注射器
第三步	用连接管将吸水的小注射器连接到大注射器上
第四步	用夹钳固定好小注射器
第五步	在小注射器上加不同的砝码,记录磅秤上对应数据
第六步	将砝码数据与磅秤数据进行对照比较
第七步	结合帕斯卡定律对实验结果进行说明

2. 液压回路的检查与故障排除

实验过程中常出现的故障问题与排除方法，见表1-3。

表 1-3　千斤顶液压回路检查与故障排除

故障问题	排除方法
大注射器推杆掉落	大注射器中的水不要装得过满
有漏水现象	更换更紧固的连接管
磅秤的数值逐渐变小	将夹钳紧固

考核评价

实训任务完成后，进行考核与评价。具体评分细则见表 1-4。

表 1-4　制作液压回路考核评价表

序号	评价内容	配分	自评	组评	教师评价
1	1) 能够完成简易千斤顶的设计 2) 熟悉液压实训设备的使用和操作方法 3) 检查实训设备的质量与周围环境是否合理、安全	10分			
2	1) 正确选择液压元件 2) 元件连接安全、可靠、规范 3) 元个中注意安全、规范操作,合理使用设备	10分			
3	1) 系统设计正确、合理 2) 液压元件连接正确 3) 调试方法正确 4) 功能齐全 5) 其他物品在工作中未遭到损坏 6) 环境整洁干净,整体效果美观	60分			
4	严禁大声喧哗,按照实训要求进行操作,爱护设备,工作中不得损坏实训设备和物品,维护环境整洁干净	10分			
5	操作中严禁擅自离开工位,不做与实训内容无关的事,注意自身和他人安全,保证工作有序、安全地进行,工作中学生具有责任感和创新意识	10分			

知识拓展

国内第一台万吨水压机

水压机是液压机的一个分支。1962 年 6 月 22 日是我国工业史上一个值得纪念的日子,我国自主设计制造的第一台万吨水压机（图 1-6）——12000t 自由锻造水压机建成并正式投产。该设备由时任煤炭工业部副部长的沈鸿任总设计师,清华大学机械专业毕业的林宗棠任副总设计师兼设计组组长,上海江南造船厂的技术骨干徐希文任设计组副组长,技术人员主要来自江南造船厂、上海重型机器厂等几十家企业参与协作。这台水压机的建成,是我国重大技术装备走向自主设计制造的标志。

图1-6 我国第一台万吨水压机

世界上第一台万吨级自由锻造水压机是1893年制成的。按照大概统计，以诞生的次序来排列，我国这台万吨水压机大约是世界上第20台，它的投入使用使我国的工业水平迅速迈上了一个新台阶，为国家电力、冶金、化学、机械和国防工业等部门生产了大批特大型锻件，为社会主义建设做出了重大的贡献。1964年9月7日，《人民日报》头版刊登了新华社文章《自力更生发展现代工业的重大成果——我国制成一万二千吨压力巨型水压机》，紧接着，数十种报刊对万吨水压机展开大量宣传。仅20世纪60年代，就有40余个国家的宾客来到我国一睹万吨水压机的风采，美国记者埃德加·斯诺还将其锻压钢锭的场面拍成了电影。

作为第一台国产大机器，万吨水压机的诞生标志着我国重型机器制造业步入了高水平阶段，展现了我国产业工人自力更生、发奋图强的精神，更成为"大国工匠"一词的最佳诠释。从设计到制作，工程建设者以他们超凡的智慧，克服了一个又一个的困难，创造了工业奇迹，成为中国人心中浓墨重彩的工业记忆。

巩固与提高

简答题

1. 液压与气压传动有哪些优缺点？
2. 液压与气压传动系统有哪些基本组成部分？说明各组成部分的作用。
3. 简述帕斯卡定律。

2

项目2 液压系统中压力的产生与测量

项目描述

本项目主要介绍了液压系统中压力的形成及测量过程，通过在液压实验台上的演示，及相关数据的读取，使学生对液压传动中压力形成原理有感性认识，使学生能够了解液压元件的结构，并结合理论课程掌握液压元件的工作原理、功用；初步具备液压系统的设计、安装、调试、故障诊断和排除的能力。同时，该课程能够培养学生分析液压传动系统图的能力，及综合应用所学知识解决实际工程问题的能力。

项目目标

知识目标

1. 理解液压系统中工作压力的形成以及有效工作压力和压力损失（无效工作压力）。
2. 理解液压传动系统中液压缸的工作压力决定于外负载，与速度无直接关系。
3. 掌握理论知识与实际操作相结合的方法与技巧。
4. 让学生更加明确所学知识的用途及实际应用。

技能目标

1. 了解实验室安全规则。
2. 熟悉并掌握实验台使用注意事项、操作方法及技术要点；学会识别及使用液压元件。
3. 增强学生的实践操作能力。

素质目标

1. 掌握理论知识与实际操作相结合的方法与技巧，培养学生的思维能力、创新能力和实践能力。
2. 让学生更加明确所学知识的用途及实际应用，培养学生的科学精神和运用科学知识解决实际问题的能力。

任务1　液压系统中压力的产生

微课名称：
液压系统中
压力的产生

任务目标

1. 理解什么是压力、压力的形成过程及计算方法。
2. 掌握液体静压传递原理的应用。
3. 掌握流量和平均速度的关系。
4. 学会识别及使用液压元件。

任务要求

1. 各小组按任务要求制订工作计划。
2. 通过分析液压系统回路，掌握压力形成的基本知识。
3. 整理任务实施报告。

注意事项

1. 学生做实验之前一定要了解本实验装置的操作规程，并在指导教师的指导下进行，切勿盲目进行实验。

2. 实验之前必须熟悉回路的工作原理和动作条件，掌握快速组合的方法，绝对禁止强行拆卸、强行旋扭各种元件的手柄，以免造成人为破坏。

3. 学生在实验过程中，发现回路中任何一处有问题时，应立即切断电源，并向指导教师汇报情况，只有当回路释压后才能重新进行实验。

4. 在实验过程中，请勿带电连接控制线路，保证正确的操作规则，以免造成不必要的损坏。

实施流程

序号	工作内容	教师活动	学生活动
1	布置任务	下达任务书,组织小组讨论学习	接受任务,明确工作内容
2	知识准备	讲解液压系统中压力的相关知识	理解什么是压力,以及压力的形成过程及计算方法
			掌握静压传递原理的应用
			掌握流量和平均速度的关系
3	实践操作	讲解常用压力的相关知识,演示液压系统回路的安装方法,组织学生进行实践操作,并巡视指导	连接一个简单的液压系统回路
			学会识别及使用液压元件
			测试压力
			解决实践中出现的简单问题
4	考核评价		

知识准备

有关大禹治水的故事，大禹总结了父亲的治水经验和失败原因，制定了一条切实可行的方案：一方面加固和继续修筑堤坝，另一方面，用"疏导"的办法根治水患。通过大禹治水的故事，启示治水要疏堵结合，水流光靠堵是解决不了问题的，有些时候需要引导水流走向正确的方向。引申到生活中，就是不管遇到什么问题，不要想着一味地强硬处理，要结合实际情况为解决问题找到新的出口。大禹在治理黄河水患的过程中，曾三过家门而不入，如此大公无私的精神被后世传诵，流传至今，更是被赋予了更为深刻的精神，代表着责任心与奉献精神。

战国时期，李冰父子带领人民修建的都江堰是迄今为止年代最久、唯一留存、以无坝引水为特征的宏大水利工程，科学地解决了江水自动分流，自动排沙，控制进水流量等问题，消除了水患，至今仍发挥着巨大作用。北宋时期，我国在运河上修建的真州复闸是沈括《梦溪笔谈》中记载的一座著名的水运设施，它比欧洲、荷兰运河上出现的同类船闸早了300多年。读这些历史故事增强了学生的民族自信心及民族自豪感，这些都表明了液体流量与压力之间是有着紧密联系的，下面我们就来了解一下压力。

一、什么是压力

流体（气体或液体）受挤压时会膨胀并产生作用力，这就是压力。当把空气注入轮胎时，则产生了压力；当连续将越来越多的空气注入轮胎，直到轮胎充满气体时，内部不再需要空气，而气体仍不断进入，气体将向外推动轮胎壁，这种推力就是压力的一种形式。然而空气是一种气体，因此它可以被压缩。压缩空气以各点相等的力向外推动轮胎壁，当所有流体处于压力之下时，情况也是如此。主要差别是，气体可做较大的压缩，液体则只能做微量压缩，如图 2-1 所示。

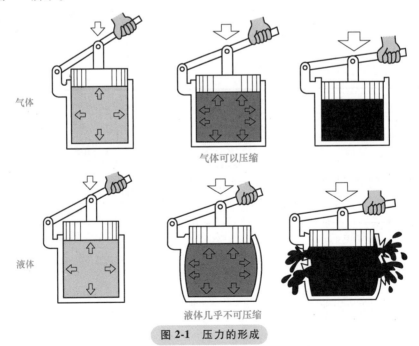

气体

气体可以压缩

液体

液体几乎不可压缩

图 2-1 压力的形成

二、压力的形成及传递

1. 压力的概念

液体的压力是由液体的自重和液体受到外力作用而产生的，如图 2-2 所示。在液压传动中，由于液体的自重而产生的压力一般很小，可忽略不计。

2. 液压系统压力的建立

压力是由外界负载作用形成的，既压力决定于负载。如图 2-3 所示，P 代表压力、F 代表负载、A 代表活塞横截面积，它们的关系为

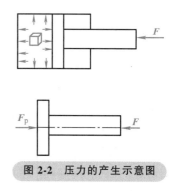

图 2-2　压力的产生示意图

$$P = \frac{F}{A}$$

在负载 F 不变的情况下，活塞面积 A 越小、压力 P 越大。

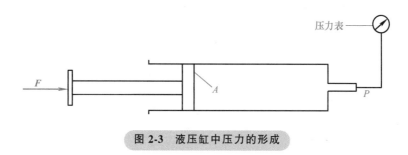

图 2-3　液压缸中压力的形成

液压缸的速度是由单位时间内流入液压缸的介质流量所决定的，单位时间内进入液压缸的流量越大，液压缸的速度越快，反之越慢。只有压力能够克服液压缸外部的负载时，液压缸才可以动作。

如图 2-4 所示为液压泵的出油腔、液压缸左腔以及连接管道组成的一个密封容积。液压泵启动后，将油箱中的油液吸入并推入到这个密封容积中，但活塞因受到负载 F 的作用而阻碍这个密封容积的扩大，于是其中的油液受到压缩，压力就升高。当压力升高到能克服负载 F 时，活塞才能被压力油所推动。此时，$P = F/A$。

可见，液压系统中油液的压力是由于油液的前面受负载阻力的阻挡，后面受液压泵输出油液的不断推动而处于一种"前阻后推"的状态下产生的，而压力的大小取决于负载。液体的自重也能产生压力，但一般较小，通常情况下忽略不计。

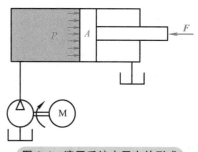

图 2-4　液压系统中压力的形成

3. 液压系统及元件的公称压力

液压系统及元件在正常工作条件下，按实验标准连续运转的最高工作压力称为额定压力。超过此值，液压系统即过载。液压系统必须在额定压力以下工作。额定压力是液压元件的基本参数之一。额定压力应符合公称压力系列，见表 2-1。

表 2-1　流体传动系统及元件—公称压力系列（GB/T 2346—2003）（单位：MPa）

压力分级	低压	中压	中高压	高压	超高压
压力范围	0~2.5	2.5~7.9	7.9~15.7	15.7~31	>31

4. 液体静压传递原理（帕斯卡定律）

在实际生产和生活中，很多地方都用到了液体静压传递原理。例如，在建筑工地下，挖掘机的驾驶员轻轻操纵按钮，庞大的工作臂便能稳稳地升高与下降，进行挖掘操作。大楼发生火灾时，消防车的控制器一打开，又高又重的云梯便会很快地竖起，消防员随即登上云梯用高压水枪灭火。挖掘机中工作臂的移动和消防车云梯的升降都需要很大的动力，都是靠液体传递压力而产生的。

静止油液的压力具有以下特性：①任意一点所受到的各个方向的压力都相等，这个压力称为静压力；②油液静压力的作用方向总是垂直指向承压表面；③密闭容器内静止油液中任意一点的压力如有变化，其压力的变化将传递给油液的各点，且其值不变，这称为液体静压传递原理，即帕斯卡定律。

5. 液体静压传递原理在液压传动中的应用

如图 2-5 所示，根据液体静压传递原理，且忽略液体自身的压力，有

$$P_1 = \frac{F_1}{A_1} \qquad P_2 = \frac{G}{A_2}$$

由 $P_1 = P_2$ 得

$$\frac{F_1}{A_1} = \frac{G}{A_2}$$

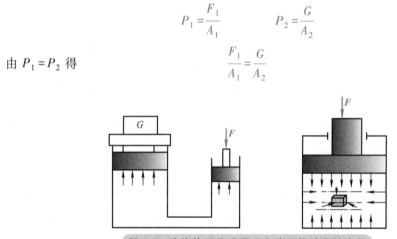

图 2-5　液体静压传递原理在液压传动中的应用

若 $G = 0$，则 $P_2 = 0$，此时，$P_1 = 0$，则 $F_1 = 0$，即负载为零时，系统建立不起压力。这说明液压系统中的压力取决于负载。

若 F_1 一定，则 $G = \dfrac{F_1 A_2}{A_1}$。若 A_2 / A_1 越大，则大活塞抬起的重物就越大。也就是说，在小活塞上施加较小的力，就可以在大活塞上产生较大的作用力。液压千斤顶就是利用这个原理来进行工作的。

例 1　如图 2-5 所示，在液压千斤顶的压油过程中，已知柱塞泵活塞 1 的面积 $A_1 = 1.13 \times 10^{-4} \, \text{m}^2$，液压缸活塞 2 的面积 $A_2 = 9.62 \times 10^{-4} \, \text{m}^2$。压油时，作用在柱塞泵活塞 1 上的力 $F_1 = 5.78 \times 10^3 \, \text{N}$。问柱塞泵油腔 5 内的油液压力 P_1 为多大？液压缸能顶起多重的重物？

（1）柱塞泵油腔 5 内的油液压力为

$$P_1 = \frac{F_1}{A_1} = \frac{5.78 \times 10^3}{1.13 \times 10^{-4}} \text{Pa} = 5.115 \times 10^7 \text{Pa} = 51.15 \text{MPa}$$

（2）液压缸活塞 **2** 上的液压作用力为

$$F_2 = P_1 A_2 = 5.115 \times 10^7 \times 9.62 \times 10^{-4} \text{ N} = 4.92 \times 10^4 \text{ N}$$

（3）能顶起重物的重量为

$$G = F_2 = 4.92 \times 10^4 \text{ N}$$

三、流量和平均流速

流量和平均流速是描述液体流动的两个主要参数。

1. 流量

单位时间内流过管道某一截面的液体体积称为流量。若在时间 t 内流过的液体体积为 V，则流量 q_V 为

$$q_V = \frac{V}{t}$$

流量的常用单位为 m^3/s，实际上常用单位还有 L/min 或 mL/s。换算公式为

$$1\text{m}^3/\text{s} = 6 \times 10^4 \text{ L/min}$$

2. 平均流速

图 2-6 所示为液体在一直管道内流动，设管道的通流面积为 A，流过截面Ⅰ—Ⅰ的液体经时间 t 后到达截面Ⅱ—Ⅱ处，所流过的距离为 L，则流过的液体体积为 $V = AL$，因此流量为

$$q_V = \frac{V}{t} = A\frac{L}{t}$$

由于管壁与液体之间的摩擦、液体分子之间的摩擦等原因，液体的流速在整个通流截面上呈抛物线形状分布，这给计算带来麻烦。因此，我们使用平均流速。平均流速是一种假想的均布流速。以此流速流过的流量和以实际流速流过的流量相等。

如图 2-7 所示，在液压缸中，液体的平均流速与活塞的运动速度相同，平均流速为

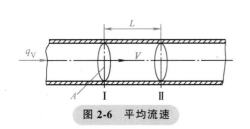

图 2-6　平均流速

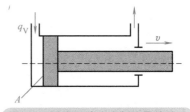

图 2-7　活塞运动速度与流量的关系

$$v = \frac{q_V}{A}$$

式中　v——液体的平均流速（活塞运动的速度），单位为 m/s；

　　A——活塞的有效作用面积，单位为 m^2；

　　q_V——输入液压缸的流量，单位为 m^3/s。

由上式可知，当液压缸的活塞有效作用面积一定时，活塞运动速度的大小由输入液压缸

的流量来决定。

3. 液流的连续性

液体的可压缩性很小，在一般情况下，可视为理想液体。理想液体在无分支管路中稳定流动时，通过每一截面的流量相等，称为液流连续性原理，如图 2-8 所示，即

$$A_1 v_1 = A_2 v_2$$

式中 A_1、A_2——分别为截面 1、2 的面积，单位为 m^2；

$\quad\quad v_1$、v_2——分别为液体流经截面 1、2 时的平均流速，单位为 m/s。

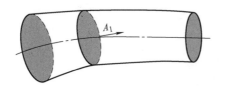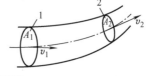

图 2-8 液流连续性原理

上式表明，液体在无分支管路中稳定流动时，流经管路不同截面时的平均流速与其截面积大小成反比。管路细的地方平均流速大，管路粗的地方平均流速小。

例 2 如图 2-5 所示，在液压千斤顶的压油过程中，已知柱塞泵活塞 1 的面积 $A_1 = 1.13 \times 10^{-4} m^2$，液压缸活塞 2 的面积 $A_2 = 9.62 \times 10^{-4} m^2$，油管 4 的截面积 $A_2 = 9.62 \times 10^{-4} m^2$。若柱塞泵活塞 1 的下压速度 v_1 为 $0.2 m^3/s$，求液压缸活塞 2 的上升速度 v_2 和管路内油液的平均流速 v_4。

解：（1）柱塞泵排出的流量为

$$q_{V1} = A_1 v_1 = 1.13 \times 10^{-4} \times 0.2 m^3/s = 2.26 \times 10^{-5} m^3/s$$

（2）根据液流连续性原理有

$$q_{V1} = q_{V2}$$

液压缸活塞 2 的上升速度为

$$v_2 = \frac{q_{V2}}{A_2} = \frac{2.26 \times 10^{-5}}{9.62 \times 10^{-4}} m/s = 0.0235 m/s$$

（3）同理有

$$q_{V4} = q_{V1} = q_{V2}$$

$$v_4 = \frac{q_{V4}}{A_4} = \frac{2.26 \times 10^{-5}}{1.3 \times 10^{-5}} m/s = 1.74 m/s$$

四、压力损失与流量的关系

由静压传递原理可知，密封的静止液体具有均匀传递压力的性质，即当一处受到压力作用时，其他各处压力均相等。但是，流动的液体情况并不是这样。当液体流过一段较长的管道或各种阀孔、弯管及管接头时，由于流动液体各质点之间以及液体与管壁之间的相互摩擦和碰撞会产生阻力，这种阻碍液体流动的阻力称为液阻。液阻的存在，在液体流动时就会引起能量损失，这主要表现为液体在流动过程中的压力损失（即压力降或压力差），如图 2-9 所示。

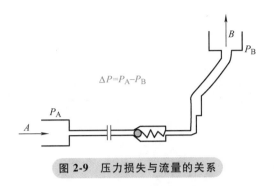

图 2-9 压力损失与流量的关系

$$\Delta P = P_A - P_B$$

在管路中流动的液体，其压力损失、流量与液阻之间的关系是：液阻增大，将引起压力损失增大，或使流量减小。液压传动中常常利用改变液阻的办法来控制流量和压力。

实践操作

一、识别原理图与准备元件

1. 液压回路原理图（图 2-10）

2. 选择元件及耗材（清单见表 2-2）

表 2-2 元件及耗材清单

名称	数量	名称	数量
液压缸	1	电磁阀	2
压力表	1	泵站	1

二、液压回路的安装与检测

对照液压回路原理图安装元件，具体过程见表 2-3，连接好的液压线路图如图 2-11 所示。

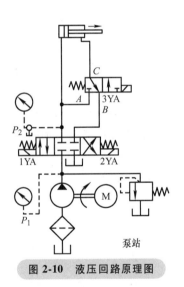

图 2-10 液压回路原理图

表 2-3 安装与检测步骤

序号	步　　骤
1	识别实验台上元件存放柜中的所有元件
2	按照指导教师讲解的实验台安全事项、操作方法及技术要点，练习实验台的使用
3	根据液压原理图，选择合适的液压元件，在液压实验台上连接成实验油路
4	经指导教师检查无误后，进行液压回路调试：将液压泵出口接油箱，接通电源，启动液压泵，空转几分钟。关闭截止阀，将泵出口压力调至 5.0MPa，观察液压回路中液体压力、流向及流速变化，液压缸动作是否正常。若有问题，现场调试并排除故障

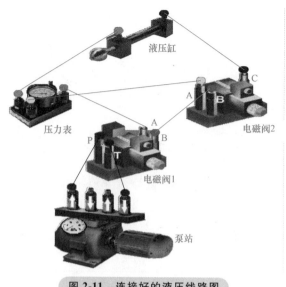

图 2-11 连接好的液压线路图

小贴士

1）安全文明操作，没有熟练掌握前不得带电使用工具。

2）操作过程中，不允许打闹。

3）未经指导教师允许，不得擅自操作实验台。

4）搭接回路时需切断液压泵及稳压电源。

5）需先启动电源，然后再启动液压泵。

6）在拆卸回路之前，需确保液压元件中的压力已释放。

7）实验完毕，应先拆除位置较高的元件，以便油流回油箱，并应倒出元件内的油液，塞上橡皮塞，清洁外表油渍，放回原处。

考核评价

实训任务完成后，进行考核与评价。具体评分细则见表 2-4。

表 2-4 液压系统中压力的产生考核评价表

序号	评价内容	配分	自评	组评	教师评价
1	按时上课、下课，不迟到、不早退	10 分			
2	操作前准备 1）正确选择工具及使用工具 2）清点工具、元件	10 分			
3	正确选择液压、电气元件	10 分			
4	液压系统元件的位置与安装连接 要求正确选择液压元件并进行合理布置，将其固定在安装台上，按液压控制原理图要求完成油路的安装连接	20 分			
5	调节泵站，观察压力表变化	20 分			

（续）

序号	评价内容	配分	自评	组评	教师评价
6	安全文明生产 1）注意安全、文明生产、爱护公物 2）团队合作，和谐共进	10分			
7	工时：按照规定时间，鼓励节省工时	10分			
8	报告及总结：实训报告完整、整齐	10分			

巩固与提高

一、填空题

1. 液压系统的工作压力取决于_____。

2. 当液压缸的有效面积一定时，活塞运动的速度由_____决定。

3. 油液流经无分支管路时，每一截面上的_____一定是相等的。

二、选择题

作用在活塞上的推力越大，活塞运动的速度就越快。（ ）

A. 是　　　　　　　B. 否

三、简答与计算题

1. 什么是压力？压力有哪几种表示方法？液压系统的压力与外界负载有什么关系？

2. 如图 2-12 所示，液压缸直径 $D = 150\text{mm}$，活塞直径 $d = 100\text{mm}$，负载 $F = 5 \times 10^4\text{N}$。若不计液压油自重及柱塞与缸体重量，求图 2-12 所示两种情况下液压缸内的液体压力。

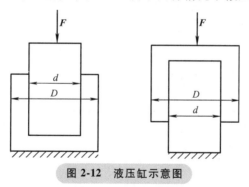

图 2-12　液压缸示意图

任务2　液压系统中压力的测量

任务目标

1. 了解压力在液压泵和液压缸中形成的原因，验证液压系统中压力取决于外界负载的定义。

2. 掌握液压缸摩擦阻力产生的原因和测量方法。

3. 观察节流阀的结构，了解其在系统中的工作过程以及作用。

4. 学习设计液压系统。

任务要求

1. 各小组按任务要求制订工作计划。
2. 通过分析液压泵及液压缸压力形成实验，掌握压力形成的原因并学会测量。
3. 整理任务实施报告。

注意事项

1. 学生做实验之前一定要了解本实验装置的操作规程，在指导教师的指导下进行，切勿盲目进行实验。

2. 实验之前必须熟悉回路的工作原理和动作条件，掌握快速组合的方法，绝对禁止强行拆卸、旋扭各种元件的手柄，以免造成人为损坏。

3. 学生在实验过程中，发现回路中任何一处有问题时，应立即切断电源，并向指导教师汇报情况，只有当回路释压后才能重新进行实验。

4. 实验过程中，请勿带电连接控制线路，保证正确的操作规则，以免造成不必要的损坏。

实施流程

序号	工作内容	教师活动	学生活动
1	布置任务	下达任务书,组织小组讨论学习	接受任务,明确工作内容
2	知识准备	讲解压力测试的相关知识	掌握液压系统中压力形成的原因
			掌握压力的测量方法
3	实践操作	讲解液压泵及液压缸压力形成实验,演示压力测量的方法,组织学生进行实践操作,并巡视指导	连接压力测量回路
			测量压力并记录
			绘制压力形成测试曲线
			简单习题
4	考核评价		

知识准备

一、液压系统常见故障

1. 压力损失

由于液体具有黏性，在管路中流动时存在着摩擦力，所以液体在流动过程中必然要损耗一部分能量。这部分能量损耗主要表现为压力损失。

压力损失有沿程损失和局部损失两种。沿程损失是当液体在直径不变的直管中流过一段距离时，因摩擦而产生的压力损失。局部损失是由于管路截面形状突然变化、液流方向改变或其他形式的液流阻力而引起的压力损失。总的压力损失等于沿程损失和局部损失之和。由于压力损失的必然存在，所以泵的额定压力要略大于系统工作时所需的最大工作压力，一般可将系统工作所需的最大工作压力乘以一个 1.3~1.5 的系数来估算。

2. 流量损失

在液压系统中，各液压元件都有相对运动的表面，如液压缸内表面和活塞外表面，因为要有相对运动，所以它们之间都有一定的间隙。如果间隙的一边为高压油，另一边为低压油，则高压油就会经间隙流向低压区从而造成泄漏。同时，由于液压元件密封不严格，一部分油液也会向外部泄漏。这种泄漏造成的实际流量有所减少，这就是我们所说的流量损失。

流量损失影响运动速度，而泄漏又难以绝对避免，所以在液压系统中泵的额定流量要略大于系统工作时所需的最大流量。通常可以用系统工作所需的最大流量乘以一个 1.1 ~ 1.3 的系数来估算。

3. 液压冲击

1）原因：执行元件换向及阀门关闭使流动的液体因惯性和某些液压元件反应动作不够灵敏而产生瞬时压力峰值，称为液压冲击。其峰值可超过工作压力的几倍。

2）危害：引起振动，产生噪声；使压力继电器、顺序阀等执行元件产生错误动作，甚至造成某些元件、密封装置和管路损坏。

3）措施：找出冲击原因可避免液流速度的急剧变化。延缓速度变化的时间，估算出压力峰值，采取相应措施，如将流动换向阀和电磁换向阀联用，可有效地防止液压冲击。

4. 空穴现象

1）现象：如果液压系统中渗入空气，液体中的气泡随着液流运动到压力较高的区域时，气泡在较高压力作用下将迅速破裂，从而引起局部液压冲击，产生噪声和振动。另外，由于气泡破坏了液流的连续性，降低了油管的通油能力，造成流量和压力的波动，使液压元件承受冲击载荷，影响其使用寿命。

2）原因：液压油中总含有一定量的空气，通常可溶解于油中，也可以气泡的形式混合于油中。当压力低于空气分离压力时，溶解于油中的空气分离出来，形成气泡；当压力降至油液的饱和蒸气压力以下时，油液会沸腾而产生大量气泡。这些气泡混杂于油液中形成不连续状态，这种现象称为空穴现象。

3）部位：吸油口及吸油管中低于大气压处，易产生气穴；油液流经节流口等狭小缝隙处时，由于速度的增加，使压力下降，也会产生气穴。

4）危害：气泡随油液运动到高压区，在高压作用下迅速破裂，造成体积突然减小、周围高压油快速流过来补充，引起局部瞬间冲击，压力和温度急剧升高并产生强烈的噪声和振动。

5）措施：要正确设计液压泵的结构参数和吸油管路，尽量避免油道狭窄和急弯，防止产生低压区；合理选用机件材料，增加机械强度、提高表面质量、提高耐蚀能力。

5. 气蚀现象

1）原因：空穴伴随着气蚀发生，空穴中产生的气泡中的氧也会腐蚀液压元件的表面，把这种因发生空穴现象而造成的腐蚀称为气蚀。

2）部位：气蚀现象可能发生在液压泵、管路以及其他具有节流装置的地方，特别是液压泵装置，这种现象最为常见。气蚀现象是液压系统产生各种故障的原因之一，特别在高速、高压的液压设备中更应注意。

其危害和措施与空穴现象相同。

二、影响压力的四个因素

1. 液压缸中摩擦阻力变化时对液压缸工作压力的影响

液压缸的摩擦阻力指活塞与缸筒内壁和活塞杆与端盖密封处的摩擦阻力。活塞杆与端盖密封处的摩擦阻力，在实验装置中是可调的。以轴向机械力压紧或放松 V 形橡胶密封圈，从而改变摩擦阻力。摩擦阻力是液压缸的无效负载，此无效负载以液压缸工作腔的表压形式表示。

液压缸的工作压力指其工作腔的压力。活塞上行时下腔的表压 P 即为该液压缸的工作压力，液压缸的有效压力指其工作腔的压力与摩擦（无效）负载之差。同时，通过实验可进一步加深对动、静摩擦阻力概念的理解。

2. 液压缸的外加负载变化时对液压缸工作压力的影响

实验应在正常摩擦阻力（使 V 形橡胶密封轻轻压紧）且液压阻力不变的情况下进行。

外加负载指直接加在活塞杆的有效负载——砝码，实验装置中液压缸竖直布局，砝码可直接作为外加负载使液压缸做有效功。加不同数量的砝码，即可有效地改变负载值。这样，可以通过增减砝码的数量来研究外加负载对液压缸工作压力的影响，做出负载—压力曲线，并计算液压缸的有效工作压力。

这项内容，从另一方面看，就是调速阀的速度—负载特性实验，当溢流阀调定后，调速阀前的压力 P_1 基本上为恒定值，调速后液压缸负载改变，但活塞运动速度基本不变，即为调速阀速度—负载特性。

3. 进入液压缸的液体流量改变时对液压缸压力的影响

液压系统中流量和压力是两个独立的参数，它们之间没有直接的相互影响。

4. 液压缸活塞下行时，回油路的局部液压阻力（背压）变化时对液压缸工作压力的影响

液压阻力包含局部液压阻力和沿程液压阻力。通过改变节流阀的通流截面积来改变局部液压阻力。当液压缸上腔进油时，改变回油路上的节流阀通流截面积，可以研究局部液压阻力变化对液压缸工作压力的影响。实验应在正常摩擦阻力和外加负载不变的情况下进行。

三、压力实验

液压系统安装或修理完毕后，必须进行调试，这是液压系统工作性能的检测过程，也是一个优化的过程。通过调试，可以改善设备的工况，提高液压系统的稳定性，延长设备寿命。

液压系统的压力实验应在管道冲洗合格、安装组成系统完毕，并经过空运转后进行。

1. 空运转

空运转是液压泵进入正常工作前的必要步骤，不能省略。一般按以下步骤进行：

1）检查、确认液压泵启动运转条件是否满足，如有必要，应向泵壳内注油。

2）拧松泵和系统溢流阀的调节螺杆，使其处于最低值。

3）启动液压泵，检查泵的转向是否正确。

4）多次启动液压泵，并逐步延长运转时间至 10min 以上，检查泵的噪声、振动和温度有无异常。

2. 压力实验

1）系统实验压力：对于工作压力低于 16MPa 的系统，实验压力为工作压力的 1.5 倍；对于工作压力高于 16MPa 的系统，实验压力为工作压力的 1.25 倍。

2）实验压力应逐级升高，每升高一级要稳压 2~3min，达到实验压力后，保压 10min，然后再降至工作压力进行全面检查，保证系统所有焊缝和连接处无漏油，管道无永久变形为合格。

3. 调试和试运转

系统调试一般应按泵站调试、系统调试（包括压力和流量，即执行机构速度调节）顺序进行，各种调试项目均由部分到系统整体逐项进行，即部件、单机、区域联动、机组联动等。在系统调试过程中所有元件和管道不应有漏油和异常振动现象；所有联锁装置应准确、灵敏、可靠。系统调试应有调试规程和详尽的调试记录。

（1）泵站调试 泵站调试应在工作压力下运转 2h 后进行。要求泵壳温度不超过 70℃，泵轴颈及泵体各结合面应无漏油及异常的振动和噪声；如为变量泵，则其调节装置应灵活可靠。泵站调试包括以下内容：

1）泵站启动联锁条件调试：主要是检查主泵的各项保护措施是否能够正常发挥作用。

2）泵站压力调定。主泵是变量泵的调节顺序是：关闭系统溢流阀（卸荷阀）→关闭泵出口溢流阀（卸荷阀）→调节泵的压力→调节泵出口溢流阀→调节系统溢流阀；主泵是定量泵的调节顺序是：关闭系统溢流阀→调节泵出口溢流阀→调节系统溢流阀。系统溢流阀开启压力应高于各泵出口溢流阀压力 5~10kg/cm²。当系统内含有设定值高于系统压力起安全保护作用的压力阀时，应在系统压力实验期间调定。

3）液位联锁装置的调试：这个环节非常重要，必须保证低液位报警功能和低液位停泵的联锁条件完全正常。

4）温度自动控制系统的调试：检查温度控制器是否正常，冷却水控制阀门的打开、关闭是否灵活，加热器工作是否正常；合理调节加热、冷却温度点，可以降低能耗。

（2）系统调试

1）压力调试：系统的压力调试应从压力调定值最高的主溢流阀开始，逐次调整每个分支回路的各种压力阀。压力阀调定后，应将调整螺杆锁紧。

压力调定值及与压力联锁的动作和信号应与设计相符。

2）流量调试（执行机构调速）：速度调试应在正常工作压力和工作油温下进行。系统的速度调试应逐个回路（指带动和控制一个机械机构的液压系统）进行，在调试一个回路时，其余回路应处于关闭状态；单个回路开始调试时，电磁换向阀宜用手动操作。

实践操作

一、识别原理图与准备元件

1）根据实验项目的要求，实验用液压系统原理图如图 2-13 所示。

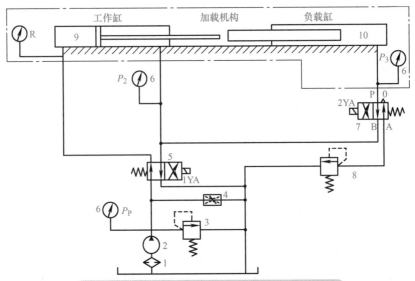

图 2-13 液压泵及液压缸压力形成实验系统原理图

2）选择元件及耗材，清单见表 2-5。

表 2-5 元件及耗材清单

名称	型号及要求	数量
可拆装式透明液压传动综合实验台	CDKJ-23A 型	1
压力表		1
液压缸		1
泵站		1

二、液压回路的安装与检测

1. 对照液压回路原理图安装元件（表 2-6）

表 2-6 安装与检测步骤

序号	步 骤
1	找出实验用液压元件,在实验台上进行规划布置,仔细核对元件上所标出的油孔字母符号后就可以用已经准备好的管路进行油路的连接
2	仔细核对回路及油孔是否有错,电器连接线与插孔是否插错及未插到位,确认无误后方可试运行
3	将调速旋钮左旋到底,启动液压泵,缓缓右旋调速旋钮,观察液压泵,以液压泵平稳排油即可,在增加液压泵转速的同时,配合调整溢流阀,使系统工作压力达到额定值(一般为 0.8MPa)
4	液压泵输出压力的形成 1）将节流阀 4 完全关闭,调整溢流阀 3,使之具有一定的溢流压力 2）启动液压泵,顺时针方向缓缓旋转调速手柄 180°左右,使转速固定,这时工作缸会推动负载缸到右边的极限位置 3）将节流阀 4 全部打开,这时液压泵打出的油将全部通过节流阀流回油箱 4）缓慢旋紧节流阀 4,同时观察压力表 P_P 的压力变化,并将每次调节后的压力变化记录于实验报告中。此处节流阀 4 即作为系统变化的负载。这里应注意的是,在慢慢旋紧节流阀 4 时,应注意系统压力表 P_P 的压力值不要超过 0.8MPa,如果超过液压元件和管路所能承受的压力 0.8MPa 时,会造成液压元件或管路的损坏或漏油事故

序号	步　骤
5	液压缸摩擦阻力的测量 1）将节流阀4完全关闭，调整溢流阀3，使之具有一定的溢流压力 2）令1YA通电，使工作缸退到最端，然后左旋液压泵调速旋钮到底，使液压泵的流量为零 3）令1YA断电，然后缓缓右旋液压泵调速旋钮，直到工作缸以最低稳定速度伸出，此时将压力表 P_1 和 P_2 的读数记录于实验报告中 4）重复步骤2），使工作缸重新退到最左端，令2YA通电，然后缓缓右旋液压泵调速旋钮，直到负载缸以最低稳定速度伸出，此时将压力表 P_3 的读数记录于实验报告中
6	液压缸工作压力的形成和工作压力的测定 1）将节流阀4全部关紧，缓缓右旋液压泵调速旋钮，调整溢流阀3，观察系统压力表 P_P，使系统压力保持在 $P_P = 0.8\text{MPa}$ 2）同时接通电磁铁1YA和2YA，让工作缸完全收回、负载缸完全伸出，并将负载背压阀8调至最低 3）同时断开电磁铁1YA和2YA，这时工作液压缸9前进，此时工作缸会将负载缸10伸出的柱塞顶回去，这时分别记录下工作液压缸启动时、运动过程中和运动终了时压力表 P_P、P_1 和 P_2 的压力值以及负载缸压力表 P_3 的压力值于实验报告中，此时 P_3 就是负载缸的第一个负载 4）旋紧负载背压阀8一圈左右，重复步骤2）、3）再记录一组压力值数据 5）重复步骤4），再记录三组数据，填到实验报告中

2. 数据的记录与计算

（1）液压缸摩擦阻力的记录与计算（表2-7）

表 2-7　负载缸和工作缸最低稳定速度下的各表压力和摩擦阻力

液压缸类型	工作缸进油腔表压力 P_1/MPa	工作缸回油腔表压力 P_2/MPa	负载缸进油腔表压力 P_3/MPa	液压缸摩擦阻力 F_z/kN
工作缸			—	$F_{zg} = \dfrac{\pi}{4}\left[D_1^2 P_1\left(D_2^2 - d^2\right)P_2\right]$
负载缸	—	—		$F_{zf} = \dfrac{\pi D^2}{4} P_3$

（2）液压泵压力形成测试记录（表2-8）

表 2-8　节流阀在不同节流量的情况下液压泵出口压力

节流阀通流面积/cm²	A_{T1}	A_{T2}	A_{T3}	A_{T4}	A_{T5}	A_{T6}	A_{T7}	A_{T8}
液压泵出口压力 P_P/MPa								

（3）液压缸压力形成测试记录（表2-9）

表 2-9　负载缸在5种不同调定压力下的压力

背压阀调定	负载缸压力 P_3	负载力 $F_L = \pi D^2 P_3/4 + F_{zf} + F_{zg}$	工作缸进油腔压力 P_1/MPa			工作缸回油腔压力 P_2/MPa			液压泵出口压力 P_P/MPa		
			开始	中途	终了	开始	中途	终了	开始	中途	终了
1											
2											
3											
4											
5											

（4）根据测量数据在图 2-14 所示坐标图上做出液压缸压力形成测试曲线

图 2-14　液压缸压力形成测试曲线

小贴士

1）安全文明操作，没有熟练掌握前不得带电使用工具。

2）操作过程中，不允许打闹。

3）在试运行前应检查液压缸等运动部件附近有无异物，如有需要先移开，以防出现意外事故。

（5）回路的检测与故障排除（表 2-10）

表 2-10　检测与故障排除步骤

序号	步　骤
1	接通电源，交替按下换向和停止按钮，观察电磁阀是否受控，控制是否正确，如不受控或控制不正确，排除后再试
2	试运行，反复按压电磁阀启动、停止按钮，观察液压缸运动是否受控，动作是否正确，有无漏油之处，如漏油或动作不正确排除后再试

考核评价

实训任务完成后，进行考核与评价。具体评分细则见表 2-11。

表 2-11　液压系统中压力的测量考核评价表

序号	评价内容	配分	自评	组评	教师评价
1	按时上课、下课，不迟到、不早退	10分			
2	操作前准备 1）正确选择使用工具 2）清点工具、元件	10分			
3	正确选择液压、电气元件	10分			
4	液压系统元件的位置与安装连接 要求正确选择液压元件并进行合理布置，将其固定在安装台上，按液压控制原理图要求完成油路的安装连接	20分			

（续）

序号	评价内容	配分	自评	组评	教师评价
5	液压系统调整 调试液压系统,测量压力并记录,画出压力形成测试曲线	20分			
6	安全文明操作 1)注意安全、文明操作、爱护公物 2)团队合作,和谐共进	10分			
7	工时:按照规定时间,鼓励节省工时	10分			
8	报告及总结:实训报告完整、整齐	10分			

巩固与提高

1. 通过实验,怎么解释液压系统的压力取决于外负载?实验中液压缸和液压泵的外负载各指的是什么?

2. 通过实验,如何解释摩擦阻力的存在?摩擦阻力的存在是否会对系统正常运行造成影响?

3. 怎样解释在液压缸压力形成实验中开始段、中途段和终了段压力的差异?

项目3 常见液压泵的拆装与工作原理验证

项目描述

　　液压泵是液压传动系统中的能源装置，是整个系统中最重要的组成部分之一。液压泵一般由专业液压元件厂生产，但在液压系统的维护、修理中，经常会遇到液压泵调整和修理的问题。合理拆装液压泵是使用和维护液压设备的工作人员必备的基本功，通过拆装实践不仅可以搞清楚结构图上难以表达的复杂结构和空间油路，加深对有关液压泵的结构和工作原理的理解，还可以感性地认识各个泵的外形尺寸及安装部位，并在动手实践方面得到一定的训练。

项目目标

　　1. 掌握液压泵的分类及其工作原理。
　　2. 了解各种类型液压泵的特点及其应用场合。
　　3. 能按照规范程序拆装常见液压泵。
　　4. 能够熟练绘制常见液压泵的内部结构图。

素质目标

　　培养学生严谨规范的专业精神、职业精神、工匠精神、劳动精神和创新精神。

　　液压传动系统最常见于大型工程机械中，为各类大型工程机械提供动力起到关键性作用，盾构机就是其典型代表。盾构机是一种隧道掘进机，由于其构造十分复杂，被誉为"世界工程机械之王"。在2008年之前，作为基建工程飞速发展的大国，我国的盾构机市场也依旧被美、德、日三国垄断，不仅进口价格高昂，履行程序还极其困难。外方对技术实行控制，使用、维修、保养均不允许中方参与，维修所需工时也完全取决于外方，严重影响工程进度。意识到此问题的严重性，2001年年底，盾构机研发被列入"863"计划。第二年10月，由18人组成的中铁隧道集团盾构机研发项目小组，成为中国盾构机研究的冲锋小队。经过6年不懈的努力，2008年4月，我国终于成功研制出中国第1台拥有大部分自主知识产权的复合式土压平衡盾构机，其整机性能达到国际先进水平，填补了中国在这一个领域的空白。之后，我国的盾构机行业蓬勃发展，如今国产盾构机已经占据国内90%以上的市场份额，并且出口到世界21个国家和地区，占据了2/3的国际市场，成为当之无愧的世界第一，从无到有，从进口到出口，彻底实现了行业逆袭。希望同学们在日后的学习和工作中，也能秉承大国工匠精神，勤奋专研，为"中国制造"添砖加瓦。

图　盾构机

　　作为大型掘进机，盾构机的绝大部分工作机构都是由液压系统驱动来完成的，液压系统可以说是盾构机的"心脏"。而作为液压系统的"心脏"，液压泵起着非常重要的作用。本项目我们就来学习液压泵的相关知识。

任务1　齿轮泵的拆装与结构图绘制

任务目标

1. 掌握液压泵的相关基础知识。
2. 掌握外啮合齿轮泵的结构和工作原理。
3. 能按照规范程序拆装外啮合齿轮泵。
4. 能够熟练绘制外啮合齿轮泵的内部结构图。

注意事项

1. 学生自己动手操作拆装齿轮泵时，一定要小心谨慎，注意自身安全，防止出现零件掉落砸伤等安全事故。

2. 学生拆装齿轮泵时，要做到小心谨慎、用力适度，严防破坏性拆卸，以免损坏齿轮泵零件或影响精度，造成不必要的损失。拆卸后应将零件按类别妥善保管，防止混乱和丢失。

实施流程

序号	工作内容	教师活动	学生活动
1	布置任务	下达任务书,组织小组讨论学习	接受任务,明确工作内容
2	知识准备	讲解有关液压泵的基础知识及齿轮泵的结构和工作原理	掌握液压泵的基础相关知识,重点掌握齿轮泵的结构及工作原理
3	实践操作	介绍外啮合齿轮泵的结构,演示拆装液压泵的过程,绘制液压泵的内部结构图,并巡视指导	1)拆卸外啮合齿轮泵 2)绘制外啮合齿轮泵的内部结构图 3)装配外啮合齿轮泵
4	考核评价		

知识准备

一、液压泵概述

在液压传动系统中，液压泵是将机械能转换为液压能的能量转换装置。它是液压传动系统的能源装置，是整个液压系统的心脏，其作用是给液压系统提供足够的压力油。泵在液压回路中的图形符号如图 3-1 所示。

二、液压泵的工作原理

液压系统中所用的液压泵，其工作原理都是依靠液压泵密封工作腔容积大小交替变化来实现吸油和排油，所以，所有的液压泵均为容积式泵。

图 3-2 所示为单柱塞式液压泵的工作原理。凸轮 1 旋转时，柱塞 2 在凸轮和弹簧 3 作用

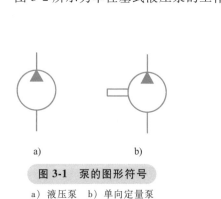

图 3-1　泵的图形符号

a）液压泵　b）单向定量泵

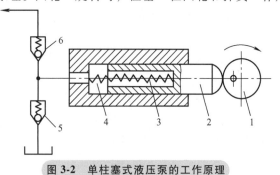

图 3-2　单柱塞式液压泵的工作原理

1—凸轮　2—柱塞　3—弹簧　4—密封
工作腔　5—吸油阀　6—压油阀

下在缸体中左右移动。柱塞右移时，缸体中的密封工作腔容积增大，产生真空现象，液压油通过吸油阀 5 吸入，此时压油阀 6 关闭；柱塞左移时，缸体密封工作腔的容积变小，将吸入的液压油通过压油阀排出到液压系统中，此时，吸油阀关闭。液压泵就是依靠其密封工作腔容积不断变化来实现吸入和排出液压油。

液压泵吸油时，油箱中的液压油在大气压的作用下使吸油阀开启，而压油阀在其本身弹簧力的作用下关闭；液压泵排油时，吸油阀在液压和弹簧的作用下关闭，而压油阀在液压作用下开启。

根据以上分析，构成液压泵的基本条件有以下三条：

1）具有密封的工作腔。

2）密封工作腔容积大小交替变化，变大时与吸油口相通，变小时与压油口相通。

3）吸油口与压油口不能连通。

三、液压泵的分类

液压系统中使用的泵均为容积式泵，它们可以分为多种类型。

按照液压泵不同的结构可分为：齿轮式液压泵（简称齿轮泵）、叶片式液压泵（简称叶片泵）、柱塞式液压泵（简称柱塞泵）等。

按照流量是否可以调节可分为：定量泵和变量泵。液压泵的分类如图3-3所示。

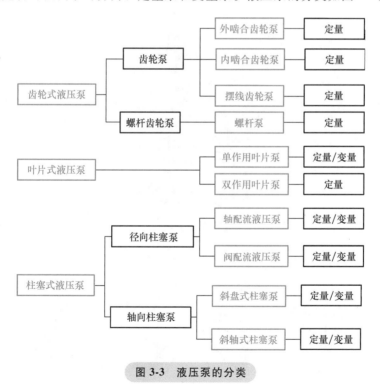

图 3-3　液压泵的分类

四、齿轮泵简介

齿轮泵是液压系统中较为常用的一种液压泵，按其结构不同可分为外啮合齿轮泵和内啮合齿轮泵两大类，其中外啮合齿轮泵应用较为广泛，下面作为重点介绍。

外啮合齿轮泵由壳体、一对外啮合齿轮和两个端盖等主要零件组成，其工作原理如图 3-4 所示，其满足了液压泵的三个条件。

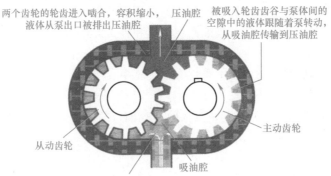

两个齿轮的轮齿进入啮合，容积缩小，液体从泵出口被排出压油腔　压油腔

被吸入轮齿齿谷与泵体间的空隙中的液体跟随着泵转动，从吸油腔传输到压油腔

从动齿轮

主动齿轮

吸油腔

两个齿轮的轮齿脱开啮合，容积增大，形成一定真空度，油箱中的液体被大气压压入泵吸油腔内

a)

泵轴顺时针方向旋转时

这些封闭容腔A容积不变，只输入油往压油腔

此封闭容腔由于轮齿退出啮合容积增大，腔内形成一定真空度而吸油

此封闭容腔由于轮齿进入啮合容积减小，将油压出

吸油腔T

压油腔P

上面用盖板盖住，形成封闭容腔

b)

微课名称：
齿轮泵的结构
及工作原理

c) 吸油、压油过程

图 3-4　外啮合齿轮泵的工作原理

1）具有密封的工作腔——由齿轮、泵体内表面、前后泵盖围成。

2）当齿轮旋转时，在吸油腔中由于齿轮脱开使容积逐渐增大，形成一定真空度，从油箱吸油；随着齿轮的旋转，充满在齿槽内的液压油被带到压油腔中，由于齿轮渐渐进入啮合状态，容积逐渐减小，液压油被挤压而排出。这样利用齿轮和泵壳形成的密封工作腔容积大小的交替变化，实现泵的功能。

3）齿轮泵的一对齿轮相互啮合，将吸油口与压油口隔绝开。

通过图 3-4 可以看出齿轮泵的结构简单，其价格相对于其他结构复杂的液压泵较为便宜，在工厂中应用广泛。但由于其受到结构限制，导致无法提供较高的油压，所以齿轮泵一般用于低压系统中。

对齿轮泵有一定的了解后，便按小组进行动手拆装实验，并绘制齿轮泵内部结构图。

实践操作

一、准备实验工具

拆装齿轮泵需准备以下工具：套筒扳手、内六角扳手、一字螺钉旋具、拆卸轴套专门工具（或铜棒、锤子）等。

绘制齿轮泵内部结构图需准备以下工具：钢直尺、游标卡尺等。

二、拆卸外啮合齿轮泵

拆卸图 3-5 所示外啮合齿轮泵的步骤如下：

1）使用套筒扳手对称拧松并卸下泵盖上的 6 颗紧固螺钉，取下前泵盖，如图 3-6 所示。

图 3-5　外啮合齿轮泵外形图

图 3-6　取下前泵盖

2）使用一字螺钉旋具拧松后泵盖，并卸下后泵盖（注意不要损伤密封圈），如图 3-7 所示。

3）从后泵盖上卸下端面密封圈，如图 3-8 所示。

4）取出泵体并卸下主动、从动齿轮，如图 3-9 所示。

5）卸下浮动侧板，如图 3-10 所示。

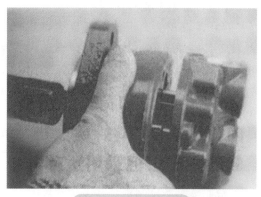

图 3-7　卸下后泵盖

图 3-8　卸下端面密封圈

图 3-9　卸下主动、从动齿轮

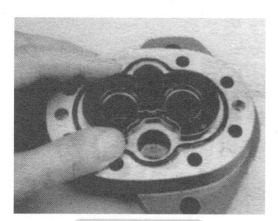

图 3-10　卸下浮动侧板

6）从侧板上卸下密封圈、挡圈等部件，如图 3-11 所示。

7）使用专门工具取出泵盖上的轴套，如图 3-12 所示。

图 3-11　卸下密封圈、挡圈等部件

图 3-12　取出泵盖上的轴套

8）拧入紧固螺钉以拔出油口塞子，如图 3-13 所示。

图 3-13　拔出油口塞子

三、绘制外啮合齿轮泵内部结构图

使用测绘工具简单测量齿轮泵主要构件，并依照一定比例尺寸缩放，绘制出齿轮泵内部结构剖视图，如图 3-14 所示。

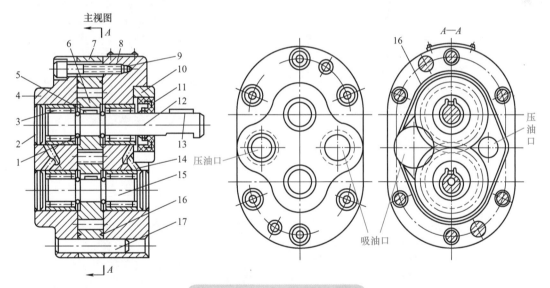

图 3-14　齿轮泵内部结构剖视图

1—弹簧挡圈　2—压盖　3—滚针轴承　4—后盖　5、13—键　6—齿轮副　7—泵体　8—前盖　9—螺钉
10—密封座　11—密封环　12—长轴　14—泄漏通道　15—短轴　16—卸荷槽　17—圆柱销

四、装配外啮合式齿轮泵

装配齿轮泵前，要先检查各零件磨损情况，有必要进行适当的修理和更换，所有零件用机油仔细清洗后再投入装配。装配齿轮泵的过程基本与拆卸过程相反，具体步骤如下：

1）装配前盖密封圈，如图 3-15 所示。

2）将前盖与泵体对正并套上泵体，如图 3-16 所示。

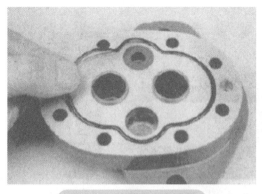

图3-15　装配前盖密封圈

图3-16　前盖与泵体对正并套上泵体

3）将密封圈和挡圈等零件装配到侧板上，如图3-17所示。

4）将装好的侧板放入泵体孔内，如图3-18所示。

图3-17　装配密封圈和挡圈

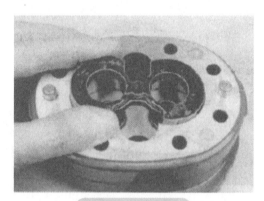

图3-18　装入侧板

5）将主动、从动齿轮装入泵体内，如图3-19所示。

6）将后盖的密封圈装配到后盖上，如图3-20所示。

图3-19　装主动、从动齿轮

图3-20　装后盖的密封圈

7）以定位销定位，将后盖反面装入齿轮轴上，对称拧紧紧固螺钉，最后装入轴封和挡圈，如图3-21所示。

图 3-21 装入轴封和挡圈

五、实训后完成实习报告，交由课代表统一上交任课教师

考核评价

实训任务完成后，进行考核与评价。具体评分细则见表 3-1。

表 3-1 齿轮泵的拆装与结构图绘制考核评价表

评价内容	评价标准	分值	评价得分			
			自评	组评	师评	总评
出勤情况	按时上课、下课，不迟到，不早退	10分				
理论知识	掌握液压泵的工作原理，泵的分类及构成泵的基本条件	15分				
	能表述齿轮泵的特点、结构和工作原理					
拆卸实践	依据所学的知识，按正确的步骤拆卸齿轮泵	15分				
结构图绘制	测量各个零件尺寸大小，正确绘制出齿轮泵内部结构图	10分				
装配实践	依据所学的知识，按正确的步骤装配齿轮泵	15分				
调试操作	齿轮泵装配好后试运转正常	5分				
合作交流	拆装实践时组内同学分工明确、相互协作	10分				
	遇到问题，小组同学能共同探讨解决					
行为习惯	爱护实训器材设备，拆装的元件能规范清洗、放置有序	10分				
	维持实训场所整洁有序，实训完成后及时打扫					
	实训时不大声喧哗，不随意活动，保持实训场所安静					
报告总结	实训报告书写认真，字迹工整，内容完整	10分				

巩固与提高

一、填空题

1. 从能量转换的角度来看，液压系统中液压泵将_____转换为_____，它是液压传动系统的_____装置。

2. 液压泵的工作原理都是依靠_____来实现_____和_____的，所以所有的液压泵均为_____。

二、选择题

1. 液压系统中的压力大小决定于_____。

A. 液压泵的额定压力　　　　B. 负载　　　　　C. 液压泵的流量

2. 齿轮泵由于结构原因，适用于_____系统中。

A. 低压　　　　　　　　　　B. 中高压　　　　C. 高压

三、简答题

1. 构成液压泵的基本条件有哪些？

2. 简述齿轮泵的工作原理。

任务2　叶片泵的拆装与结构图绘制

任务目标

1. 掌握叶片泵的结构和工作原理。

2. 能按照规范程序拆装叶片泵。

3. 能够简单绘制叶片泵的内部结构图。

注意事项

1. 学生自己动手操作拆装叶片泵时，一定要小心谨慎，注意自身安全，防止出现零件掉落砸伤等安全事故。

2. 学生拆装叶片泵时，要做到小心谨慎、用力适度，严防破坏性拆卸，以免损坏叶片泵零件或影响精度，造成不必要的损失。拆卸后应将零件按类别妥善保管，防止混乱和丢失。

实施流程

序号	工作内容	教师活动	学生活动
1	布置任务	下达任务书,组织小组讨论学习	接受任务,明确工作内容
2	知识准备	讲解叶片泵的结构和工作原理	掌握叶片泵的结构及工作原理等相关知识
3	实践操作	演示拆装叶片泵的过程,绘制叶片泵的内部结构图,并巡视指导	拆卸叶片泵
			绘制叶片泵的内部结构图
			装配叶片泵
4	考核评价		

知识准备

一、叶片泵简介

叶片泵根据其结构不同，可分为单作用叶片泵和双作用叶片泵两大类，前者是变量泵，后者是定量泵。与其他种类的液压泵相比，叶片泵具有输出流量均匀、运转平稳、噪声小等优点，但结构比较复杂、自吸能力差、对液压油的污染比较敏感。叶片泵广泛应用于机床、工程机械、船舶、压铸及冶金设备中。

二、叶片泵工作原理

双作用叶片泵与单作用叶片泵工作原理相似，这里以单作用叶片泵工作原理为例介绍。图 3-22 所示为单作用叶片泵工作原理图，转子 2 的外表面与定子 3 的内表面都呈圆柱形，转子中心和定子中心之间保持一定的偏心距，叶片装在转子上开有均匀分布的径向槽内，可以在槽内灵活滑动。转子转动时的离心力和通入叶片根部液压油的同时作用，使叶片顶部紧贴在定子内表面上，这样两相邻的叶片、定子、转子和配油盘间形成了一个个密封的工作腔。以叶片Ⅰ、Ⅱ为例，从图 3-22a 到图 3-22b 过程中，叶片Ⅰ、Ⅱ之间的密封工作腔容积逐渐增大，产生真空，通过配油盘吸油口吸油；而旋转至图 3-22c 和图 3-22d 位置时，叶片Ⅰ、Ⅱ之间的密封工作腔容积逐渐减小，通过配油盘的压油口将油液压出。转子每旋转一

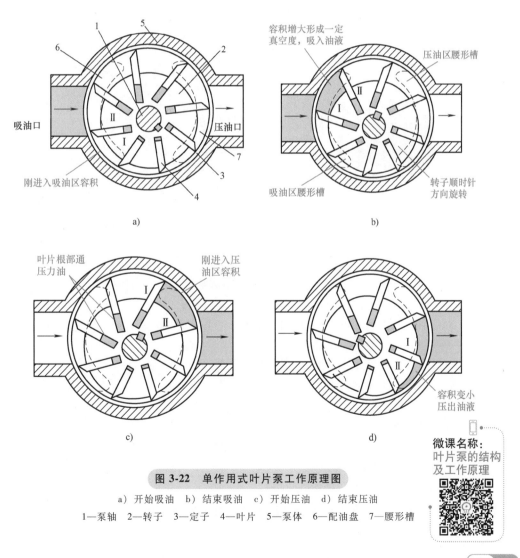

图 3-22 单作用式叶片泵工作原理图

a）开始吸油 b）结束吸油 c）开始压油 d）结束压油

1—泵轴 2—转子 3—定子 4—叶片 5—泵体 6—配油盘 7—腰形槽

微课名称：
叶片泵的结构
及工作原理

周，完成一次吸油过程和一次排油过程。

通过改变转子和定子之间偏心距 e 的大小，可以改变泵的输出流量的大小，这就是单作用叶片泵能够实现变量输出的原因所在。

对叶片泵有一定的了解后，我们便按小组动手进行拆装实训，并绘制叶片泵内部结构图。

实践操作

一、准备实训工具

拆装叶片泵需准备以下工具：套筒扳手、内六角扳手、一字螺钉旋具、锤子等。

绘制叶片泵内部结构图需准备以下工具：钢直尺、游标卡尺等。

二、拆卸叶片泵

拆卸图 3-23 所示叶片泵的步骤如下：

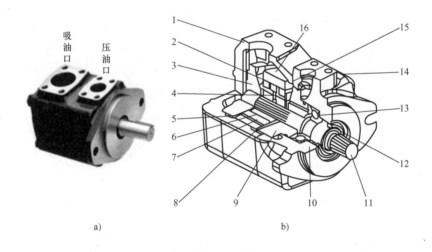

图 3-23 叶片泵

1—泵体 2—油槽 3—进油过流盘 4—柱销 5、8—配流盘 6—转子 7—叶片 9—出油过流盘
10—油封 11—泵轴 12—防尘密封圈 13—轴承 14—泵盖 15—O 形密封圈 16—定子

1）使用扳手拧松并卸下泵盖体上的 4 个紧固螺钉，卸下泵盖体，如图 3-24 所示。

2）从泵前盖中取出泵芯组件，操作时要注意安全，小心组件掉落，同时也要注意不要损坏组件，如图 3-25 所示。

3）取出泵芯，如图 3-26 所示。

4）使用扳手卸下泵芯上的紧固螺钉，如图 3-27 所示。

5）卸下过流盘，如图 3-28 所示。

6）移出另一端的过流盘，如图 3-29 所示。

7）卸下配流盘和定子，拆卸转子内各零件，如图 3-30 所示。

8）分解叶片泵各零件，如图 3-31 所示。

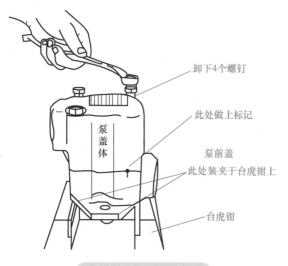

卸下4个螺钉

此处做上标记

泵前盖

此处装夹于台虎钳上

台虎钳

泵盖体

图 3-24　卸下紧固螺钉

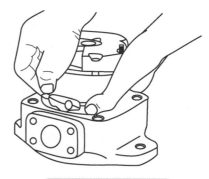

图 3-25　取出泵芯组件

图 3-26　取出泵芯

内六角扳手

螺钉

图 3-27　卸下泵芯上的紧固螺钉

取下过流盘

配流盘

定子

图 3-28　卸下过流盘

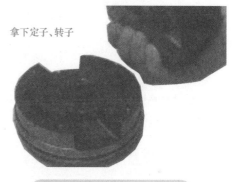

拿下定子、转子

图 3-29　卸下另一端过流盘

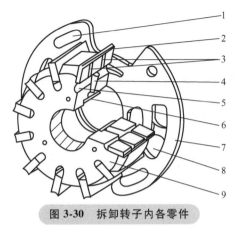

图 3-30 拆卸转子内各零件

1—吸油窗口 2—叶片 3—压力平衡油孔 4—柱销
5—转子上横孔 6—通油槽 7—配流盘 8—压油窗口 9—转子

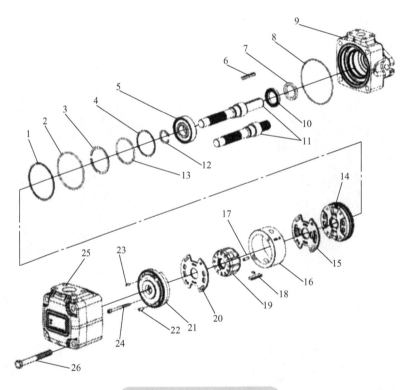

图 3-31 分解叶片泵各零件

1、4、8—O 形密封圈 2、13—支撑环 3、12—卡环 5—轴承 6—键 7—防尘圈 9—泵前盖
10—油封 11—泵轴 14—出油过流盘 15、20—配流盘 16—定子 17、22、23—定位销
18—柱销叶片 19—转子 21—进油过流盘 24、26—螺钉 25—泵盖体

三、绘制叶片泵内部结构图

使用测绘工具简单测量叶片泵各主要构件，并绘制出叶片泵内部结构剖视图，如图 3-32
所示。

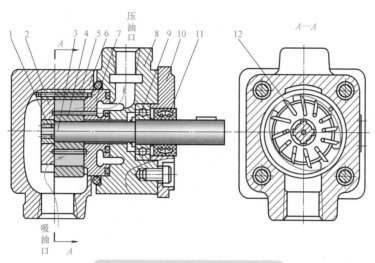

压油口

1 2 3 4 5 6 7 8 9 10 11 12 *A—A*

吸油口
A

图 3-32 叶片泵的内部结构剖视图

1—滚针轴承 2、7—配流盘 3—转轴 4—转子 5—定子 6—泵体
8—泵盖 9—滚珠轴承 10—端盖 11—轴封 12—叶片

由于叶片泵内部结构较复杂，所以不要求学生所绘制的内部结构图十分精细，能够表明学生已经掌握叶片泵内部结构便可。

四、装配叶片泵

叶片泵的装配顺序与拆装顺序相反，装配前检查各零件的磨损情况，有必要时应进行适当地修理与更换，所有零件经过机油仔细清洗后再投入装配。装配时，遵循"先拆的零部件后安装，后拆的零部件先安装"的原则，正确合理地安装，注意配流盘、定子、转子、叶片应保持正确装配方向，安装完毕后应使叶片泵转动灵活，没有卡死现象。

五、实训后尽快完成实习报告，交由课代表统一上交任课教师

考核评价

实训任务完成后，进行考核与评价。具体评分细则见表3-2。

表 3-2 叶片泵的拆装与结构图绘制考核评价表

评价内容	评价标准	分值	评价得分			
			自评	组评	师评	总评
出勤情况	按时上课、下课,不迟到,不早退	10分				
理论知识	能表述叶片泵的特点、结构和工作原理	15分				
拆卸实践	依据所学的知识,按正确的步骤拆卸叶片泵	15分				
结构图绘制	测量各个零件尺寸大小,正确绘制出叶片泵内部结构图	10分				
装配实践	依据所学的知识,按正确的步骤装配叶片泵	15分				
调试操作	叶片泵装配好后试运转正常	5分				

（续）

评价内容	评价标准	分值	评价得分			
			自评	组评	师评	总评
合作交流	拆装实践时组内同学分工明确、相互协作	10分				
	遇有问题,小组同学能共同探讨解决					
行为习惯	爱护实训器材设备,拆装的元件能规范清洗、放置有序	10分				
	维持实训场所整洁有序,实训完成后及时打扫干净					
	实训时不大声喧哗,不随意活动,保持实训场所安静					
报告总结	实训报告书写认真,字迹工整,内容完整	10分				

巩固与提高

一、填空题

1. 叶片泵根据其结构不同,可分为_____和_____两大类。

2. 单作用变量叶片泵的流量改变是靠_____来实现的。

二、选择题

1. 当增大定子与转子的偏心距 e,叶片泵转速不变的情况下,输出流量应当_____。

A. 增大　　　　　B. 减小　　　　　　　　C. 都有可能,视情况而定

2. 下面哪种液压泵的工作状态比较平稳_____。

A. 齿轮泵　　　　B. 叶片泵　　　　　　　C. 柱塞泵

3. 单作用叶片泵的转子每转一圈,吸油、压油各_____次。

A. 1　　　　　　　B. 2　　　　　　　　　　C. 3

三、简答题

1. 简述单作用式叶片泵的工作原理。

2. 装配叶片泵前需要做哪些准备工作?

任务3　柱塞泵的拆装与结构图绘制

任务目标

1. 掌握柱塞泵的结构和工作原理。

2. 能按照规范程序拆装柱塞泵。

3. 能够简单绘制柱塞泵的内部结构图。

注意事项

1. 学生自己动手操作拆装柱塞泵时,一定要小心谨慎,注意自身安全,防止出现零件掉落砸伤等安全事故。

2. 学生拆装柱塞泵时,要做到小心谨慎、用力适度,严防破坏性拆卸,以免损坏柱塞泵零件或影响精度,造成不必要的损失。拆卸后应将零件按类别妥善保管,防止混乱和丢失。

实施流程

序号	工作内容	教师活动	学生活动
1	布置任务	下达任务书,组织小组讨论学习	接受任务,明确工作内容
2	知识准备	讲解柱塞泵的结构和工作原理	掌握柱塞泵的结构及工作原理等相关知识
3	实践操作	演示拆装柱塞泵的过程,绘制柱塞泵的内部结构图,并巡视指导	拆卸柱塞泵
			绘制柱塞泵的内部结构图
			装配柱塞泵
4	考核评价		

知识准备

一、柱塞泵简介

柱塞泵是依靠柱塞在缸体孔内做往复运动时,密封工作腔容积发生变化而进行吸油和压油的。由于构成密封工作腔的柱塞和缸体都是圆柱形表面,加工方便,可得到较高的配合精度,所以其密封性能好,在高压工作下仍能保持较高的容积效率和总效率。因此,柱塞泵具有压力高、结构紧凑、效率高等优点,广泛应用于需要高压、大流量、大功率的系统中,如龙门刨床、液压机、工程机械、矿山机械、冶金机械及船舶等。

二、柱塞泵工作原理

柱塞泵按照柱塞排列方向不同,可分为径向柱塞泵和轴向柱塞泵两大类。由于径向柱塞泵径向尺寸大,结构复杂,自吸能力差,且受较大的径向不平衡力,易磨损,因而限制了压力和转速的提高,目前应用较少。这里重点介绍轴向柱塞泵的工作原理。

图 3-33 所示为轴向柱塞泵工作原理,柱塞平行于缸体中心线。它主要由缸体 7、柱塞 5、斜盘 1 和配油盘 10 等主要构件构成。斜盘 1 和配油盘 10 固定不动,斜盘中心线与缸体

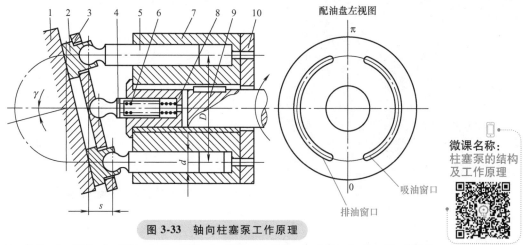

配油盘左视图

吸油窗口

排油窗口

图 3-33　轴向柱塞泵工作原理

1—斜盘　2—滑履　3—压板　4、8—套筒　5—柱塞　6—弹簧　7—缸体　9—轴　10—配油盘

微课名称:
柱塞泵的结构
及工作原理

轴线有交角γ。缸体7由轴9带动旋转，缸体上均匀分布若干个轴向柱塞孔，孔内均有柱塞。内套筒4在弹簧6的作用下，通过压板3使柱塞头部的滑履2紧靠在斜盘1上，同时外套筒8在弹簧6的作用下，使缸体7与配油盘10紧密接触，起到密封作用。在配油盘10上开有两个腰形孔，为吸油、压油窗口。当转动轴带动缸体7按图示方向顺时针方向旋转时，在右半周内，柱塞5逐渐向外伸出，柱塞5与缸体7间的密封空间容积逐渐增大，形成真空，通过配油盘10的吸油窗口吸油；而在左半周内的情况恰好相反，柱塞5在斜盘1的作用下，逐渐被压入柱塞孔内，密封空间容积逐渐减小，通过配油盘10的压油窗口压油。缸体7每转一周，每一个柱塞往复运动一次，完成一次吸油、压油动作。如果改变斜盘1的倾斜角度，就可以改变柱塞的行程长度，也就改变了泵的排量。

对柱塞泵有一定的了解后，便按小组动手进行拆装实训，并绘制柱塞泵内部结构图。

实践操作

一、准备实训工具

拆装柱塞泵需准备以下工具：套筒扳手、内六角扳手、一字螺钉旋具、卡簧钳、自攻螺钉、软锤子或铜棒等。

绘制柱塞泵内部结构图需准备以下工具：钢直尺、游标卡尺等。

二、拆卸轴向柱塞泵

拆卸图3-34所示轴向柱塞泵的步骤如下：

1）使用扳手将壳体与变量机构之间的紧固螺钉对称拧松，将螺钉旋出泵体外，然后将一字螺钉旋具伸入缸体与变量机构之间的缝隙中（不要伸入过多，以免碰坏密封圈）撬松。

2）给泵体上的内六角螺钉位置1做标记，并记录下来。再把内六角螺钉旋到位置2，拆卸下来，如图3-35所示。

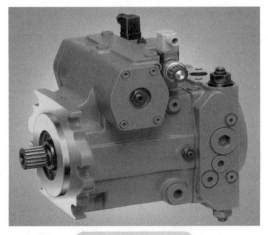

图3-34　轴向柱塞泵

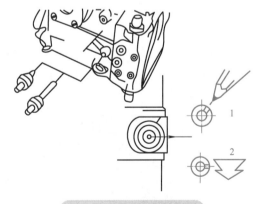

图3-35　螺钉位置做标记

3）做好标记，卸下后端盖，如图3-36所示。

4）卸下后端盖和配油盘，如图3-37所示。

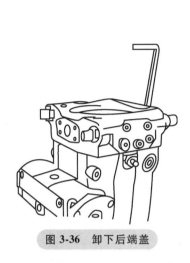

图 3-36 卸下后端盖

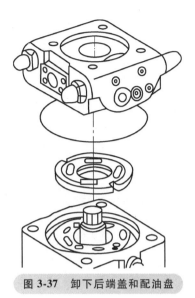

图 3-37 卸下后端盖和配油盘

5）压下缸体，拧松并拆卸下内六角圆柱头螺钉，如图 3-38 所示。

6）取出回转体组合件，如图 3-39 所示。

7）拆卸下卡簧，使用自攻螺钉旋入油封两处，再使用钳子将密封圈拉出，如图 3-40 所示。

8）使用软锤或铜棒轻轻将轴敲击出来，如图 3-41 所示。

9）取出斜盘和轴承等零件，如图 3-42 所示。

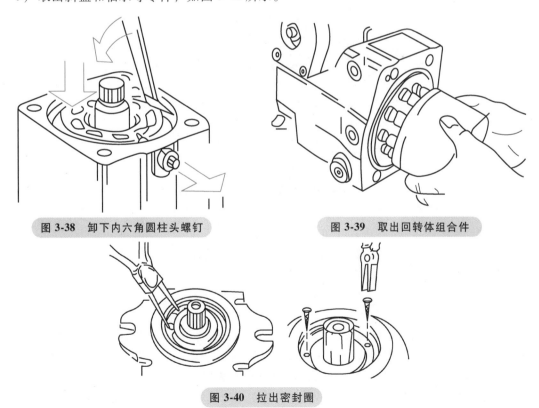

图 3-38 卸下内六角圆柱头螺钉

图 3-39 取出回转体组合件

图 3-40 拉出密封圈

图 3-41　将轴敲击出来

图 3-42　取出斜盘和轴承等零件

三、绘制柱塞泵内部结构图

使用测绘工具简单测量柱塞泵主要构件，并绘制出柱塞泵内部结构剖视图，如图 3-43 所示。

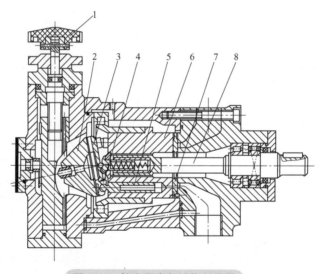

图 3-43　柱塞泵内部结构剖视图

1—手把　2—斜盘　3—压盘　4—滑履　5—柱塞　6—缸体　7—配油盘　8—传动轴

由于柱塞泵内部结构较为复杂，所以不要求学生所绘制的内部结构图十分精细，能够表明学生已经掌握柱塞泵内部结构便可。

四、装配柱塞泵

柱塞泵的装配顺序与拆装顺序相反，装配前检查各零件的磨损情况，必要时应进行适当地修理与更换，所有零件经过机油仔细清洗后再投入装配。装配时，遵循"先拆的部件后安装，后拆的零部件先安装的"原则，正确合理安装，注意各个零件在拆卸时所做的位置标记，按照标记位置装配，安装完毕后应使柱塞泵转动灵活，没有卡死现象。

五、实训后尽快完成实习报告，交由课代表统一上交任课教师

考核评价

实训任务完成后，进行考核与评价。具体评分细则见表 3-3。

表 3-3　柱塞泵的拆装与结构图绘制考核评价表

评价内容	评价标准	分值	评价得分			
			自评	组评	师评	总评
出勤情况	按时上课、下课，不迟到，不早退	10分				
理论知识	能表述柱塞泵的特点、结构和工作原理	10分				
拆卸实践	依据所学的知识，按正确的步骤拆卸柱塞泵	15分				
结构图绘制	测量各个零件尺寸，正确绘制出柱塞泵内部结构图	15分				
装配实践	依据所学的知识，按正确的步骤装配柱塞泵	15分				
调试操作	柱塞泵装配好后试运转正常	5分				
合作交流	拆装实践时组内同学分工明确、相互协作	10分				
	遇有问题，小组同学能共同探讨解决					
行为习惯	爱护实训器材设备，拆装的元件能规范清洗、放置有序	10分				
	维持实训场所整洁有序，实训完成后及时打扫					
	实训时不大声喧哗，不随意活动，保持实训场所安静					
报告总结	实训报告书写认真，字迹工整，内容完整	10分				

知识拓展

水泵是输送液体或使液体增压的机械。现代水泵种类繁多，用途广泛，多以电力、汽油机为动力。开启水泵，水便从管道中喷涌而出，满足人们的各种需要。那么，在没有电力、汽油机驱动的古代，人们是如何提水的呢？一起来看中国古代的"水泵"。

我国自古以农业立国，在长期的农业耕作中，与农业相关的科学技术取得了卓越的成就。作为农业生产的命脉，水利在农业生产中所起的作用至关重要。智慧的中国人民在长期的农业生产中，运用聪明才智，发明了一种轻便好用、能引水浇灌农田的农具，这就是水车（图 3-44）。

图 3-44　水车

下面以一种我国古代常见的取水工具刮车为例，看一看，是不是与我们所学习的叶片泵特别相似。

刮车（图3-45）是一种手摇式提水工具。使用刮车时，需先在流水岸边挖水槽，以岸的高低决定水轮大小，以人力驱动水轮运转，轮辐将水刮上岸，以便灌溉农田。刮车除用手操作外，也有在水轮轴上附设机件以便脚踏。除灌溉外，刮车也用于盐田刮卤水。刮车简便易制，古代被普遍用于农业灌溉，其应用的条件是"水陂下田"。如果没有急流，只有一般的"水陂"，水面与岸高只差一两尺，在灌溉或排水时，人们一般使用刮车。直到20世纪50年代以后，大部分刮车才被现代水泵所取代。

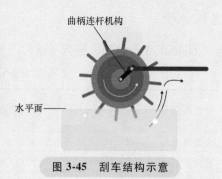

图 3-45 刮车结构示意

巩固与提高

一、填空题

1. 柱塞泵按照柱塞排列方向不同，可分为_____和_____两大类。

2. 柱塞泵的装配顺序与拆装顺序_____，装配前检查各零件的_____，有必要时应进行适当的_____，所有零件经过_____仔细清洗后再投入装配。

二、选择题

1. 轴向柱塞泵为_____式液压泵。

A. 定量　　　　　　B. 变量

2. 若想改变柱塞泵的排量，则需要改变_____。

A. 柱塞的长短　　　B. 柱塞孔的长短　　　C. 斜盘的倾斜角度

三、简答题

1. 柱塞泵有哪些特点，分别适用于什么场合？

2. 径向柱塞泵为何没有广泛使用？

项目4 活塞缸的运动特性测试

项目描述

　　液压缸是液压系统的执行元件，它是将液体的压力能转换成工作机构的机械能，用来实现直线往复运动或小于360°的摆动。液压缸结构简单，配置灵活，设计、制造比较容易，使用维护方便，所以得到了广泛的应用。活塞缸是液压缸的一种结构形式，本项目主要讲解活塞缸的基本知识，通过实验来验证活塞缸的速度、推力特性。

项目目标

知识目标

1. 掌握活塞缸的工作原理、类型和结构特点。
2. 掌握单杆活塞缸和双杆活塞缸的活塞运动速度和推力的计算。
3. 掌握理论知识与实际相结合的方法与技巧。
4. 让同学更加明确所学知识的用途及实际应用。

技能目标

1. 学会活塞缸回路安装的基本方法和技巧。
2. 增强同学们的实践操作能力。

素质目标

　　提高学生的问题分析与解决能力、逻辑推理能力，培养学生的创新精神和团队协作能力。

任务　活塞缸运动特性验证实验

任务目标

1. 掌握活塞缸的工作原理、类型和结构特点。
2. 掌握单杆和双杆活塞缸的活塞运动速度和推力的计算。

任务要求

1. 各小组按任务要求制订工作计划。
2. 通过分析速度推力测试回路，掌握活塞缸的基本知识及速度、推力测试。
3. 整理任务实施报告。

注意事项

1. 在实验之前，应仔细阅读实验指导书，了解实验回路的目的、要求，掌握其基本原理和主要实验步骤。
2. 必须熟悉所用液压元件的拼装方法和使用场合，随后，将液压元件放置在实验台面板合适位置进行液压元件和电气线路连接，经指导教师审定通过，方可进行操作。在操作过程中仔细观察，如实而有条理地记录，并且不放过可能出现的一些反常现象。操作要胆大心细，培养独立工作能力，克服一有问题就问教师的依赖思想。
3. 实验完毕，把所用的液压元件放回原处，经指导教师同意后，方可离开实验台。

实施流程

序号	工作内容	教师活动	学生活动
1	布置任务	下达任务书,组织小组讨论学习	接受任务,明确工作内容
2	知识准备	讲解活塞缸的相关知识	掌握活塞缸的工作原理、类型和结构特点
			掌握单杆、双杆活塞缸的活塞运动速度和推力的计算
3	实践操作	讲解常用回路的相关知识,演示活塞缸回路的安装方法,组织学生进行实践操作,并巡视指导	连接活塞缸速度、推力回路的线路
			通过调节,观察变化,并测量速度
			测量推力的变化,画出速度、推力曲线
			简单习题
4	考核评价		

知识准备

微课名称：
活塞缸

东汉人杜诗为解决冶炼钢铁耗费人力过大的问题，发明出一种鼓风机械——水排（图4-1），即以水为动力，通过传动机械使皮制鼓风囊连续开合，将空气送入冶铁炉，利用水的流动带动鼓风设备进行冶炼，铸造农具，用力少而见效大。这种水排后被称为"杜诗水排"，是世界上最早的

图 4-1　东汉水排图

水力鼓风机,比欧洲早了 1100 年。

这和液压系统中的活塞缸原理类似,下面就来讲述常见的活塞缸。

一、活塞缸的工作原理、类型和特点

活塞缸是液压系统中的执行元件,它的作用是将液压能转换成机械能。活塞缸的输入量是液体的流量和压力,使活塞能完成往复直线运动,输出有限的直线位移。常见的活塞缸如图 4-2 所示。

图 4-2　常见的活塞缸

1. 活塞缸的工作原理

活塞缸的工作原理如图 4-3 所示。

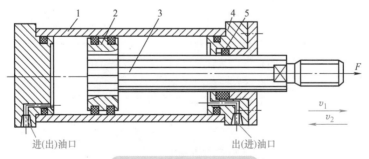

图 4-3　活塞缸的工作原理

1—缸筒　2—活塞　3—活塞杆　4—端盖　5—密封件

若缸筒固定，左腔连续地输入压力油，当油的压力足以克服活塞杆上的所有负载时，活塞以速度 v_1 连续向右运动，活塞杆对外界做功。反之，往右腔输入压力油时，活塞以速度 v_2 向左运动，活塞杆也对外界做功。这样，完成了一个往复运动。这种活塞缸称为缸筒固定缸。

若活塞杆固定，左腔连续地输入压力油时，则缸筒向左运动。当往右腔连续地通入压力油时，则缸筒右移。这种活塞缸称为活塞杆固定缸。

下面所涉及的活塞缸，除特别指明外，均以缸筒固定、活塞杆运动的活塞缸为例。

输入活塞缸的油必须具有压力 p 和流量 q。压力用来克服负载，流量用来形成一定的运动速度。输入活塞缸的压力和流量就是给液压缸输入液压能；活塞作用于负载的力和运动速度就是活塞缸输出的机械能。

因此，活塞缸输入的压力 p、流量 q，以及输出作用力 F 和速度 v 是活塞缸的主要性能参数。

2. 活塞缸的分类

为了满足各种主机的不同用途，活塞缸有多种类型。

1）按供油方向分，可分为单作用缸和双作用缸。单作用缸只是往缸的一侧输入压力油，靠其他外力使活塞反向回程。双作用缸则分别向缸的两侧输入压力油。活塞的正反向运动均靠液压力完成。

2）按结构形式分，可分为活塞缸、柱塞缸、摆动缸和伸缩套筒缸。按活塞杆的形式分，可分为单活塞杆缸和双活塞杆缸。

3）按缸的特殊用途分，可分为串联缸、增压缸、增速缸、步进缸等。此类缸都不是一个单纯的缸筒，而是和其他缸筒和构件组合而成，所以从结构的观点看，这类缸又称为组合缸。

活塞缸的分类见表 4-1 ~ 表 4-3。

表 4-1　活塞缸的分类

名称			图形	说明
活塞式液压缸	单杆	单作用		活塞单向作用，依靠弹簧使活塞复位
		双作用		活塞双向作用，左、右移动速度不等，差动连接时，可提高运动速度
	双杆			活塞左、右运动速度相等

表 4-2　柱塞式和摆动式活塞缸的分类

名称		图形	说明
柱塞式活塞缸	单柱塞		柱塞单向作用，依靠外力使柱塞复位
	双柱塞		双柱塞双向作用

（续）

名称		图形	说明
摆动式活塞缸	单叶片		输出转轴摆动角度小于300°
	双叶片		输出转轴摆动角度小于150°

表 4-3 其他活塞缸的分类

名称		图形	说明
其他活塞缸	增力活塞缸		当液压缸直径受到限制而长度不受限制时，可获得大的推力
	增压活塞缸		由两种不同直径的液压缸组成，可提高 B 腔中的液体压力
	伸缩活塞缸		由两层或多层液压缸组成，可增加活塞行程
	多位活塞缸		活塞 A 有三个确定的位置
	齿条活塞缸		活塞经齿条带动小齿轮，使其旋转

二、单杆活塞缸的结构及计算

1. 单杆活塞缸的结构

单杆活塞缸是工程机械中的常用缸，主要由缸底、活塞、缸筒、活塞杆、导向套和端盖组成。此缸结构上的特点是活塞和活塞杆用卡环连接，因而拆装方便；活塞上的导向环由聚四氟乙烯等耐磨材料制成，摩擦力较小；导向套可使活塞杆在轴向运动中不致歪斜，从而保护了密封件；缸的两端均有缝隙式缓冲装置，可减少活塞在运动到端部时的冲击和噪声。此类缸的工作压力为 12~15MPa。以下将介绍单杆活塞缸主要零件的常见结构。从图 4-4 所示结构可以看到，液压缸的结构组成基本分为缸筒和缸盖、活塞和活塞杆、密封装置、缓冲装置和排气装置五个部分。

（1）缸筒和缸盖 一般地说，缸筒和缸盖的结构形式和其使用的材料有关：工作压力 $P < 100 \times 10^5$ Pa 时使用铸铁；$P < 200 \times 10^5$ Pa 时使用无缝钢管；$P > 200 \times 10^5$ Pa 时使用铸钢或锻钢。

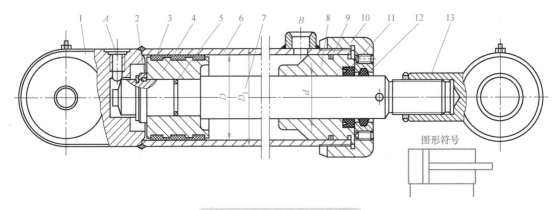

图 4-4 单出杆式双作用液压缸

1—缸底 2—键 3、5、9、11—密封圈 4—活塞 6—缸筒
7—活塞杆 8—导向套 10—缸盖 12—防尘圈 13—耳轴

图 4-5 所示为常见缸筒和缸盖的结构形式。

图 4-5a 所示为法兰连接式结构，这种连接结构简单、容易加工，也容易装拆，但外形尺寸和重量都较大，常用于铸铁制的缸筒上。图 4-5b 所示为半环连接式结构，这种连接分为外半环连接和内半环连接两种形式。这种连接的缸筒壁部因开了环形槽而削弱了强度，为此有时要加厚缸壁。它容易加工和装拆、重量较轻。半环连接是一种应用较普遍的形式，常用于无缝钢管或锻钢制的钢筒上。

图 4-5c 所示为螺纹连接式结构，这种连接有外螺纹连接和内螺纹连接两种方式，这种连接的缸筒端部结构复杂，外径加工时要求保证内外径同心，装拆要使用专用工具，它的外形尺寸和重量都较小、结构紧凑，常用无缝钢管或锻钢制的钢筒上。

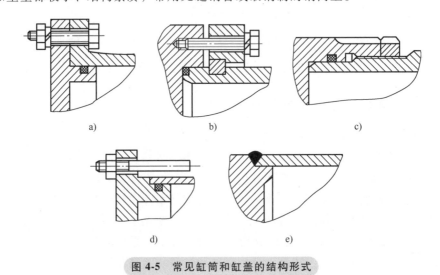

图 4-5 常见缸筒和缸盖的结构形式

图 4-5d 所示为拉杆连接式结构，这种连接结构简单，工艺性好、通用性强、易于装拆，但端盖的体积和重量较大，拉杆受力后会拉伸变长，影响密封效果，仅适用于长度不大的中低压缸。

图4-5e所示为焊接连接式结构，这种连接强度高、制造简单，但焊接时容易引起缸筒变形。

（2）**活塞和活塞杆** 活塞和活塞杆的结构形式很多，常见的有一体式、锥销式连接外，还有螺纹式连接和半环式连接等多种形式，如图4-6所示。

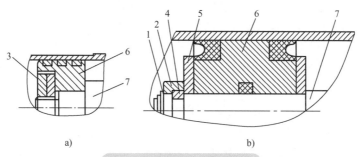

图4-6 活塞和活塞杆的结构

a）螺纹式连接 b）半环式连接

1—弹簧卡圈 2—轴套 3—螺母 4—半环 5—压板 6—活塞 7—活塞杆

1）螺纹式连接结构简单，装拆方便，但在高压、大负载下需备有螺母防松装置。

2）半环式连接结构较复杂，装拆不便，但工作可靠。

此外，活塞和活塞杆也有制成整体式结构的，但它只适用于尺寸较小的场合。活塞一般用耐磨铸铁制造，活塞杆不论是空心的还是实心的，大多用钢料制造。

（3）**密封装置** 活塞缸中常见的密封装置如图4-7所示。

1）间隙密封：它依靠运动件间的微小间隙来防止泄漏。为了提高这种装置的密封能力，常在活塞的表面上制出几条细小的环形槽，以增大油液通过间隙时的阻力。它结构简单，摩擦阻力小，可耐高温，但泄漏大，加工要求高，磨损后无法恢复原有能力，只有在尺寸较小、压力较低、相对运动速度较高的缸筒和活塞间使用。

2）摩擦环密封：它依靠套在活塞上的摩擦环（尼龙或其他高分子材料制成）在O形密封圈弹力作用下贴紧缸壁而防止泄漏。这种材料效果较好，摩擦阻力较小且稳定，可耐高温，磨损后有自动补偿能力，但加工要求高，装拆不便，适用于缸筒和活塞之间的密封。

3）密封圈（O形密封圈、Y形密封圈等）密封：它利用橡胶或塑料的弹性使各种截面的环形圈贴紧在静、动配合面之间来防止泄漏，

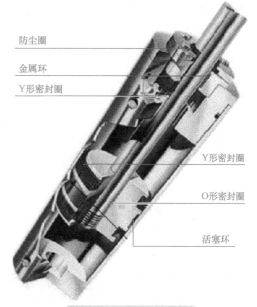

图4-7 常见的密封装置

其结构简单、制造方便，磨损后有自动补偿能力，性能可靠，在缸筒和活塞之间、活塞和活塞杆之间、缸筒和缸盖之间都能使用。

对于活塞杆外伸部分，由于它很容易把脏物带入液压缸，使油液受污染，使密封件磨损，因此常需要在活塞杆密封处增加防尘圈，并放在向着活塞杆外伸的一段。

（4）缓冲装置　液压缸中缓冲装置的工作原理是利用活塞或缸筒在其走向行程终端时在活塞和缸盖之间封住一部分油液，强迫它从小孔或细缝中挤出，产生很大的阻力使工作部件受到制动，逐渐减慢运动速度，达到避免活塞和缸盖相互撞击的目的。

液压缸中常用的缓冲装置有节流口可调式和节流口变化式两种。

（5）排气装置　液压缸中的排气装置通常有两种形式：一种是在缸盖的最高部位处开排气孔，用长管道接向远处排气阀排气；另一种是在缸盖最高部位安装排气塞。两种排气装置都是在液压缸排气时打开，让它全行程往复移动数次，排气完毕关闭。

排气装置在液压缸中是十分必要的，这是因为油液中混入的空气或液压缸长期不使用外界侵入的空气都积聚在缸内最高部位处，影响液压缸的运动平稳性，出现低速时引起爬行，启动时造成冲击，换向时降低精度等现象。

2. 单杆活塞缸的计算（图 4-8）

无杆腔活塞的有效面积 A_1 为

$$A_1 = \frac{\pi}{4}D^2$$

有杆腔活塞的有效面积 A_2 为

$$A_2 = \frac{\pi}{4}(D^2 - d^2)$$

当压力油进入无杆腔的流量为 q_1 时，活塞右移速度 v_1、输出力 F_1 为

$$v_1 = \frac{q_1}{A_1} = \frac{4q_1}{\pi D^2} \tag{4-1}$$

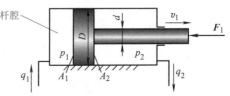

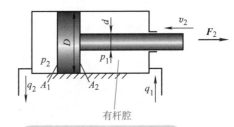

图 4-8　单杆活塞缸计算简图

$$F_1 = p_1 A_1 - p_2 A_2 = (p_1 - p_2)\frac{\pi}{4}D^2 + p_2 \frac{\pi}{4}d^2 \tag{4-2}$$

式中　p_1——进油压力；

P_2——回油压力。

当压力油进入有杆腔的流量为 q_2 时，活塞左移速度 v_2、输出力 F_2 为

$$v_2 = \frac{q_2}{A_2} = \frac{4q_2}{\pi(D^2 - d^2)} \tag{4-3}$$

$$F_2 = p_1 A_2 - p_2 A_1 = (p_1 - p_2)\frac{\pi}{4}D^2 - p_1 \frac{\pi}{4}d^2 \tag{4-4}$$

若 $q_1 = q_2 = q$，$p_1 = p$，$p_2 = 0$。

则式（4-1）~式（4-4）将分别为

$$v_1 = \frac{q_1}{A_1} = \frac{4q}{\pi D^2} \tag{4-5}$$

$$F_1 = pA_1 = p \frac{\pi}{4}D^2 \tag{4-6}$$

$$v_2 = \frac{q}{A_2} = \frac{4q}{\pi(D^2 - d^2)} \tag{4-7}$$

$$F_2 = pA_2 = p(D^2 - d^2) \tag{4-8}$$

由于 $A_1 > A_2$，所以 $v_1 < v_2$，$F_1 > F_2$。其含义为：若分别进入缸两腔的流量均为 q，进口压力均为 p，则 q 进入无杆腔时，活塞的运动速度较小，而输出力较大；q 进入有杆腔时，活塞的运动速度较大，而输出力较小；故常把压力油进入无杆腔的情况作为工作行程，而把压力油进入有杆腔的情况作为空回行程。活塞两个方向上的速度比称为液压缸的速比，用 φ 表示

$$\varphi = \frac{v_2}{v_1} = \frac{A_1}{A_2} = \frac{D^2}{D^2 - d^2} = \frac{1}{1 - \left(\dfrac{d}{D}\right)^2} \tag{4-9}$$

$$\varphi = \frac{v_2}{v_1} = \frac{A_1}{A_2} = \frac{F_1}{F_2} \tag{4-10}$$

式（4-10）说明，活塞速度与活塞有效面积成反比；活塞输出的力和活塞的有效面积成正比。φ 值越接近于 1，正反两个方向上的速度越接近；φ 值若远大于 1，则回程速度也远大于工作行程的速度。当两个方向的流量均为 q，D 也一定时，改善活塞杆直径可得到满意的 φ 值。

三、双杆活塞缸结构及计算

1. 双杆活塞缸的结构（图 4-9）

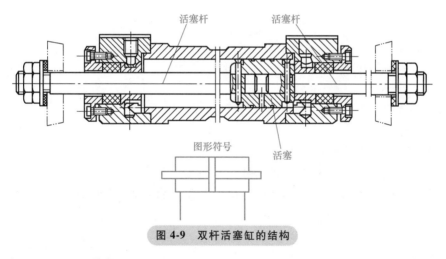

图 4-9 双杆活塞缸的结构

2. 双杆活塞缸的计算简图（图 4-10）

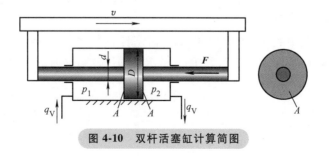

图 4-10 双杆活塞缸计算简图

根据流量连续性定理，进入缸的液体流量等于液流截面和流速的乘积，而液流的截面即是活塞的有效面积，液流的平均流速即是活塞的运动速度。

因此

$$v = \frac{q}{A} = \frac{4q}{\pi(D^2 - d^2)} \tag{4-11}$$

式中　v——活塞的运动速度；

q——进入缸的液体流量；

A——活塞的有效面积；

D——活塞直径，即缸筒内径；

d——活塞杆直径。

活塞杆上理论的输出力 F 等于活塞两侧有效面积和活塞两腔压力差的乘积，即

$$F = \frac{\pi}{4}(D^2 - d^2)(p_1 - p_2) \tag{4-12}$$

式中　p_1——进油压力；

p_2——回油压力，即缸出油口的背压。

以上计算未考虑油从活塞的一腔到另一腔的内泄漏和端盖与活塞杆之间的外泄漏以及活塞和缸筒、活塞杆和端盖之间的摩擦力。

由以上公式可知，这类液压缸在两个方向上的运动速度和输出力均相等。

巩固与提高

一、填空题

1. 液压缸是液压传动系统中的_____元件，是将_____能转换为_____能的能量转换装置。

2. 活塞缸常用的密封方法有_____密封和_____密封。

二、选择题

1. 可作差动连接的活塞缸是（　　）。

A. 双杆活塞缸　　　　　B. 单杆活塞缸　　　　　C. 以上两种均可

2. 采用活塞杆固定的双作用双杆活塞缸，其工作台往复运动范围为活塞有效行程的（　　）倍。

A. 1　　　　　　　　　B. 2

三、计算题

1. 设有一对活塞缸，其内径 $D = 100$mm，活塞杆直径 $d = 0.7D$，若要求活塞运动速度 $v = 8$cm/s，求活塞缸所需要的流量 q_V。

2. 已知单杆活塞缸缸筒直径 $D = 100$mm，活塞杆直径 $d = 50$mm，工作压力 $P_1 = 2$MPa，流量 $q = 10$L/min，回油背压力 $P_2 = 0.5$MPa，试求活塞往复运动时的推力和运动速度。

项目5　常见液压阀的拆装

项目描述

　　液压阀是液压传动系统中的控制装置，负责控制整个液压系统的运行方式，其作用显著。液压阀一般由专业液压元件厂生产，但在液压系统的维护、修理中，经常会遇到液压阀调整和修理的问题。合理拆装液压阀是使用和维护液压设备的工作人员必备的基本功。通过拆装实践不仅可以搞清楚结构图上难以表达的复杂结构和空间油路，加深对液压阀的结构和工作原理的理解，还可以感性地认识各个阀的外形尺寸及安装部位，并在动手实践能力方面得到一定的训练。

项目目标

　　1. 掌握常见液压阀的种类及其工作原理。

　　2. 掌握常见液压阀的特点及其应用场合。

　　3. 能按照规范程序拆装常见液压阀。

　　4. 能够熟练绘制常见液压阀的内部结构图。

素质目标

　　1. 培养学生具备扎实的专业知识和技能。

　　2. 培养学生的沟通能力、团队协作能力和解决问题的能力，让学生学会与他人合作，共同完成任务，提高工作效率。

任务1　单向阀的拆装与结构图绘制

任务目标

1. 掌握液压阀的相关基础知识。
2. 掌握单向阀的结构及其工作原理。
3. 能够按照规范程序拆装单向阀。
4. 能够熟练绘制单向阀的内部结构图。

注意事项

1. 学生自己动手操作拆装单向阀时，一定要小心谨慎，注意自身安全，防止出现零件掉落砸伤等安全事故。

2. 学生拆装单向阀时，要做到小心谨慎、用力适度，严防破坏性拆卸，以免损坏零件或影响精度，造成不必要的损失。拆卸后应将零件按类别妥善保管，防止混乱和丢失。

实施流程

序号	工作内容	教师活动	学生活动
1	布置任务	下达任务书,组织小组讨论学习	接受任务,明确工作内容
2	知识准备	讲解有关液压阀的基础知识及单向阀的结构和工作原理	掌握液压阀的基础相关知识,重点掌握单向阀的结构及工作原理
3	实践操作	重点讲解单向阀的结构,演示拆装单向阀的过程,绘制单向阀的内部结构图,并巡视指导	拆卸单向阀
			绘制单向阀的内部结构图
			装配单向阀
4	考核评价		

知识准备

一、液压阀概述

液压阀是液压系统中的控制元件，用来控制系统中流体的流动方向或调节压力和流量，可以分为方向阀、压力阀和流量阀三大类。一个形状相同的阀，因为作用机制的不同，而具有不同的功能。压力阀和流量阀利用通流截面的节流作用控制系统的压力和流量，而方向阀则利用通流通道的更换控制流体的流动方向。尽管液压阀存在着各种不同的类型，但它们之间还是保持着一些基本的共同之处。

1）在结构上，所有的液压阀都由阀体、阀芯和驱使阀芯动作的部件组成。

2）在工作原理上，所有液压阀的开口大小、进出口间的压差以及流过阀的流量之间的关系都符合一定的规律，仅是各种液压阀的参数不同而已。

二、液压阀的分类

液压阀的类型多种多样，可按不同的特征进行分类，见表5-1。

表 5-1　液压阀的分类

分类方法	种类	详细分类
按机能分类	压力控制阀	溢流阀、顺序阀、减压阀、卸荷阀、平衡阀、缓冲阀、限压切断阀、压力继电器等
	流量控制阀	节流阀、调速阀、分流阀、集流阀等
	方向控制阀	单向阀、换向阀、充液阀、快速排气阀、脉冲阀等
按结构分类	滑阀	圆柱滑阀、平板滑阀、旋转阀等
	座阀	球阀、锥阀等
	喷嘴挡板阀	单喷嘴挡板阀、双喷嘴挡板阀等
按操纵方法分类	手动阀	手把及手轮、踏板、杠杆等方式控制
	机动阀	挡块及碰块、弹簧等方式控制
	电动阀	电磁铁控制、马达或电动机控制等
	液/气动阀	液动阀、气动阀等
	电液/电气动阀	电液动阀、电气动阀等
按控制方式分类	比例阀	电液比例压力阀、电液比例流量阀、电液比例换向阀、电液比例复合阀、电液比例多路阀、气动比例压力阀、气动比例流量阀等
	伺服阀	电液流量伺服阀、电液压力伺服阀、气液伺服阀、机液伺服阀、气动伺服阀等
	数字控制阀	数字控制压力阀、数字控制流量阀、数字控制方向阀等
按输出参数可调性分类	开关控制阀	方向控制阀、顺序阀等
	输出参数连续可调的阀	压力阀、减压阀、节流阀、调速阀、各类电液控制阀等

三、液压阀性能的基本要求

系统中所用的液压阀，应满足如下要求：

1）动作灵敏，工作可靠，工作时冲击和振动小，噪声小，使用寿命长。

2）流体流过阀时，压力损失小。

3）密封性能好，内泄漏少，无外泄漏。

4）结构简单紧凑，安装、调整、使用、维护方便，通用性好。

四、方向控制阀

方向控制阀是用以控制和改变液压系统油流方向的阀体。方向控制阀的基本工作原理是利用阀芯与阀体间相对位置的变化，实现油路间的通、断，从而控制油流的方向，满足系统对油流动方向的要求。常用的方向控制阀有单向阀和换向阀等，本次任务主要研究单向阀。

单向阀是使油液只能沿着一个方向流动，而相反方向则被截止的方向控制阀。要求单向阀正方向油液通过时压力损失小，反方向截止时密封性能好。单向阀分为普通单向阀和液控单向阀两种。本次任务以研究普通单向阀为主。

普通单向阀由阀体、阀芯和弹簧等主要零件构成，其工作原理及图形符号如图 5-1 所示。图 5-1a 中，A 腔的液压油作用在阀芯上，向右的液压力大于 B 腔液压油作用在阀芯上向左的液压力、弹簧力及阀芯摩擦阻力之和时，阀芯打开，油液可以从 A 腔流动到 B 腔，正向导通；图 5-1b 中，压力油欲从 B 腔向 A 腔流动时，由于弹簧力与 B 腔液压油的共同作用，阀芯被紧压在阀体上，油流不能由 B 腔向 A 腔流动，反向截止。

对普通单向阀有一定的了解后，便按小组动手进行拆装实训，并绘制普通单向阀内部结构图。

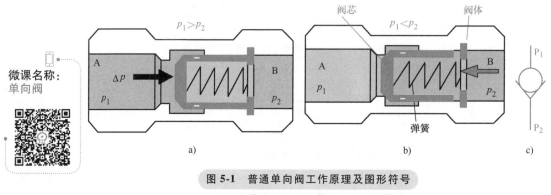

微课名称：
单向阀

图 5-1　普通单向阀工作原理及图形符号

a）正向导通　b）反向截止　c）图形符号

实践操作

在下面普通单向阀拆装实训中，以普通管式单向阀（即直通式单向阀）为例进行拆装。

一、准备实训工具

拆装普通管式单向阀需准备以下工具：弹簧钳、一字螺钉旋具等。
绘制普通管式单向阀内部结构图需准备以下工具：钢直尺、游标卡尺等。

二、拆卸普通管式单向阀

普通管式单向阀的结构很简单，只由阀体、阀芯和弹簧等几个零件组成（部分普通管式单向阀有阀座），所以拆卸步骤比较简单。如图 5-2 所示，使用弹簧钳、一字螺钉旋具等工具取下卡簧 5，然后就可以从阀体 1 中依次按顺序取出垫圈 4、弹簧 3、阀芯 2 等零件。

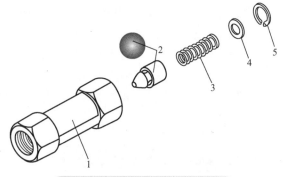

图 5-2　普通管式单向阀拆卸图

1—阀体　2—阀芯（球阀芯或锥阀芯）
3—弹簧　4—垫圈　5—卡簧

三、绘制单向阀内部结构图

使用测绘工具简单测量单向阀主要构

件，并依照一定比例尺寸缩放，绘制出单向阀
内部结构剖视图，如图5-3所示。

四、装配普通管式单向阀

装配单向阀前，要先检查各零件磨损情
况，有必要时应进行适当的修理和更换，所有
零件用机油仔细清洗后再投入装配。装配顺序
与拆卸时的顺序相反，依次将各个零件装入阀
体便可。

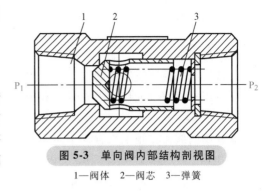

图5-3　单向阀内部结构剖视图
1—阀体　2—阀芯　3—弹簧

五、实训后尽快完成实习报告，交由课代表统一上交任课教师

考核评价

实训任务完成后，进行考核与评价。具体评分细则见表5-2。

表5-2　单向阀的拆装与结构图绘制考核评价表

评价内容	评价标准	分值	评价得分			
			自评	组评	师评	总评
出勤情况	按时上课、下课,不迟到,不早退	10分				
理论知识	掌握液压阀的相关基础知识	15分				
	掌握方向控制阀的相关基础知识					
	能表述单向阀的特点、结构和工作原理					
拆卸实践	依据所学的知识,按正确的步骤拆卸单向阀	15分				
结构图绘制	测量各个零件尺寸,正确绘制出单向阀内部结构图	10分				
装配实践	依据所学的知识,按正确的步骤装配单向阀	15分				
调试操作	单向阀装配好后检测正常	5分				
合作交流	拆装实践时组内同学分工明确、相互协作	10分				
	遇有问题,小组同学能共同探讨解决					
行为习惯	爱护实训器材设备,拆装的元件能规范清洗、放置有序	10分				
	维持实训场所整洁有序,实习完成后及时打扫					
	实训时不大声喧哗,不随意活动,保持实训场所安静					
报告总结	实训报告书写认真,字迹工整,内容完整	10分				

巩固与提高

一、填空题

1. 液压阀是液压系统中的_____，用来控制系统中流体的_____或_____。
2. 液压阀根据功能作用不同可以分为_____、_____和_____三大类。

二、选择题

1. 从单向阀的作用上来看，单向阀类似于电路中的（　　）。

A. 电阻　　　　　　　　B. 二极管　　　　　　　　C. 熔丝

2. 单向阀是否开启是由液压系统（　　）来决定的。

A. 压力大小　　　　　　B. 流量大小　　　　　　　C. 是否工作

三、简答题

1. 液压阀性能的基本要求都有哪些？
2. 简述方向控制阀的工作原理。

任务2　换向阀的拆装与结构图绘制

任务目标

1. 掌握换向阀的结构及工作原理。
2. 能够按照规范程序拆装换向阀。
3. 能够熟练绘制换向阀的内部结构图。

注意事项

1. 学生自己动手操作拆装换向阀时，一定要小心谨慎，注意自身安全，防止出现零件掉落砸伤等安全事故。

2. 学生拆装换向阀时，要做到小心谨慎、用力适度，严防破坏性拆卸，以免损坏零件或影响精度，造成不必要的损失。拆卸后应将零件按类别妥善保管，防止混乱和丢失。

实施流程

序号	工作内容	教师活动	学生活动
1	布置任务	下达任务书，组织小组讨论学习	接受任务，明确工作内容
2	知识准备	讲解换向阀的结构和工作原理	掌握换向阀的结构和工作原理等相关知识
3	实践操作	演示拆装换向阀的过程，绘制换向阀的内部结构图，并巡视指导	拆卸换向阀
			绘制换向阀的内部结构图
			装配换向阀
4	考核评价		

知识准备

一、换向阀概述

换向阀是利用阀芯在阀体中的相对运动，使油流的通路接通、关断或改变油流方向，从而使执行元件启动、停止或变换运动方向。换向阀应满足以下几个要求：

1）油液流经换向阀时的压力损失要小。

2）互不相通的通口间的泄漏要小。

3）换向要平稳、迅速且可靠。

微课名称：
换向阀

二、换向阀的分类

换向阀的种类很多，详细分类见表5-3。

表 5-3 换向阀的分类

分类方法	类　　　型
按阀芯结构及运动方式	滑阀、锥阀、转阀等
按阀的工作位置数和通路数	二位二通换向阀、二位三通换向阀、二位四通换向阀、二位五通换向阀、三位四通换向阀、三位五通换向阀等
按阀的操纵方式	手动换向阀、机动换向阀、电动换向阀、液动换向阀、电液动换向阀等
按阀的安装方式	管式换向阀、板式换向阀、法兰式换向阀等

三、换向阀的工作原理

换向阀的具体工作原理如图5-4所示，阀芯是一个具有多段环槽的圆柱体，而阀体孔内有若干条沉割槽。每条沉割槽都通过相应的孔道与外部相通，其P口为进油口，T口为出油口，A口和B口分别接执行元件的两个工作腔。

当阀芯在外力作用下处于图5-4b所示的工作位置时，四个油口互不相通，液压缸两腔均不通液压油，处于停止状态。若使阀芯右移至图5-4a所示位置，P口和A口相通，B口和T口相通，液压油经P、A口进入液压缸无杆腔，液压缸有杆腔的液压油经B、T口流回油箱，活塞向右运动。与此相反，若使阀芯向左移动到图5-4c所示位置，P口和B口相通，A口和T口相通，活塞向左运动。

四、换向阀的命名及图形符号

换向阀的功能主要由其控制的通路数和工作位置所决定，所以换向阀的名称通常都称为"X位X通阀"，下面具体介绍其命名的相关知识。

1. 换向阀的"位"

所谓"位"指换向阀的工作位置数，即阀芯在阀体孔内可实现停顿位置（工作位置）的数目，例如二位、三位、四位等。

换向阀的换向是通过移动阀芯到左、中、右等位置来实现的，即换向阀能够定位（停

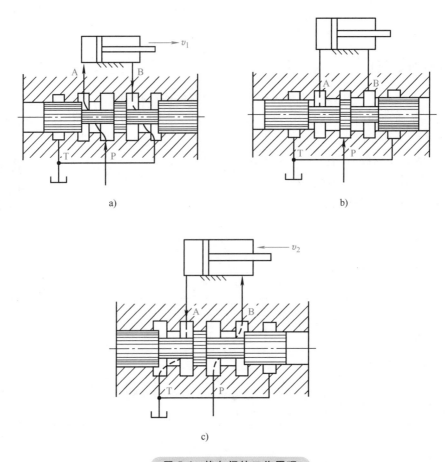

a)

b)

c)

图 5-4 换向阀的工作原理

留）在一个端位、另一个端位或者中间位置。阀芯能停留在左、右两个位置的换向阀称为
二位阀，阀芯能停留在左、中、右三个位置的换向阀称为三位阀。此外还有多位阀。

"位"在符号图中用方框表示，有几位就用几个连在一起的方框表示，□□表示二位阀，
□□□表示三位阀。

2. 换向阀的"通"

所谓"通"指换向阀油路通道数目，即有几根连接管就是几通，但注意不包括控制油
压油管和泄油管。例如二通、三通、四通、五通等。所谓"二通阀""三通阀""四通阀"
指换向阀的阀体上有两个、三个、四个彼此不相通且可与系统中不同油管相连接的油道接
口，不同油道之间只能通过阀芯位置移动实现阀口开与关，从而实现油路的连通或切断。在
符号图中，一个工作位置的方框上，连有几根出线便表示"几通"。

3. 换向阀的图形符号

在绘制换向阀的图形符号时，用方框代表工作位置数；箭头或堵塞符号代表油路的连通
或截止，但箭头并不表示液压油实际流向；P 表示进油口，T 表示出油口，A 和 B 表示连接
其他两个工作油路的油口；控制方式和复位弹簧的符号画在方格的两侧。图 5-5 所示为换向
阀的图形符号。

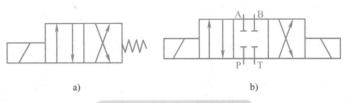

图 5-5 换向阀的图形符号

a）二位四通电磁换向阀 b）三位四通电磁换向阀

五、常态和中位机能

当换向阀没有操纵力的作用而处于静止状态时称为常态。对于二位换向阀而言，靠近有弹簧的那个位置为常态。在液压系统图中，换向阀的图形符号与油路的连接应画在常态位上。

对于三位换向阀而言，无外力操纵时，阀芯将停留在中间位置，即三位阀的常态为中间位置，简称中位，换向阀中位各接口的连通方式体现的功能称为中位机能。三位换向阀的中位有多种机能，以满足执行元件处于非运动状态时系统的不同要求。

对换向阀有一定的了解后，便按小组动手进行拆装实训，并绘制其内部结构图。

实践操作

一、准备实训工具

拆装电磁换向阀需准备以下工具：内六角扳手、开口扳手等。
绘制电磁换向阀内部结构图需准备以下工具：钢直尺、游标卡尺等。

二、拆卸换向阀

1）使用内六角扳手拆除电磁铁线圈两端的锁紧螺母，如图 5-6 所示。
2）移除电磁铁线圈，如图 5-7 所示。
3）用扳手旋下两端套管，如图 5-8 所示。
4）从阀体中移除阀芯，如图 5-9 所示。

图 5-6 拆除锁紧螺母

图 5-7 移除电磁铁线圈

图 5-8 取下两端套管

图 5-9 移除阀芯

5）将零件依次整理放好，如图 5-10 所示。

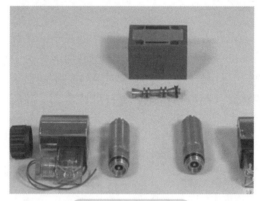

图 5-10 整理零件

三、绘制换向阀内部结构图

使用测绘工具简单测量换向阀主要构件，并依照一定比例尺寸缩放，绘制出换向阀内部结构剖视图，如图 5-11 所示。

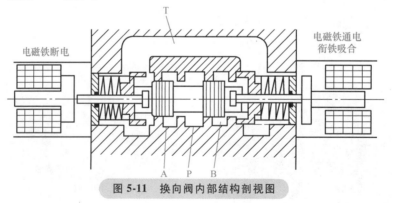

图 5-11 换向阀内部结构剖视图

四、装配换向阀

1）装配时，先将阀芯轻轻推入阀体，用手指抵住阀芯两端，阀芯可以滑动自如，如图

5-12 所示。

2）检查套管的 O 形密封圈，确认完好后，将其安装在阀体上用扳手拧紧，如图 5-13 和图 5-14 所示。

3）套上电磁铁线圈，如图 5-15 所示。

图 5-12　装入阀芯

图 5-13　检查 O 形密封圈

图 5-14　用扳手拧紧套管

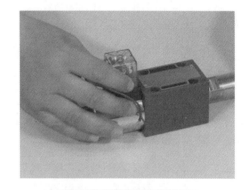

图 5-15　套上电磁铁线圈

4）锁紧两端螺母，完成装配，如图 5-16 所示。

图 5-16　完成装配

五、实训后尽快完成实习报告，交由课代表统一上交任课教师

考核评价

实训任务完成后，进行考核与评价。具体评分细则见表5-4。

表5-4　换向阀的拆装与结构图绘制考核评价表

评价内容	评价标准	分值	评价得分			
			自评	组评	师评	总评
出勤情况	按时上课、下课,不迟到,不早退	10分				
理论知识	能表述换向阀的特点、结构和工作原理	15分				
拆卸实践	依据所学的知识,按正确的步骤拆卸换向阀	15分				
结构图绘制	测量各个零件尺寸大小,正确绘制出换向阀内部结构图	10分				
装配实践	依据所学的知识,按正确的步骤装配换向阀	15分				
调试操作	换向阀装配好后检测正常	5分				
合作交流	拆装实践时组内同学分工明确、相互协作 遇有问题,小组同学能共同探讨解决	10分				
行为习惯	爱护实训器材设备,拆装的元件能规范清洗、放置有序 维持实训场所整洁有序,实训完成后及时打扫 实训时不大声喧哗,不随意活动,保持实训场所安静	10分				
报告总结	实训报告书写认真,字迹工整,内容完整	10分				

巩固与提高

一、填空题

1. 换向阀是利用_____在_____中的_____，使油流的通路_____、_____或_____，从而使执行元件_____、_____或_____。

2. 三位换向阀处于_____位置时，阀中各油口的_____方式，称为中位机能。

二、选择题

1. 要使三位四通换向阀在中位工作时，泵能卸荷，采用中位机能为（　　）。

A. P 型　　　　　　　　　　B. Y 型　　　　　　　　　　C. H 型

2. 在液压系统图中，与三位阀连接的油路一般应画在换向阀符号的（　　）位置上。

A. 左格　　　　　　　　　B. 右格　　　　　　　　　C. 中格

三、简答题

1. 简述换向阀的工作原理。

2. 换向阀有哪些类型?

任务3　溢流阀的拆装与结构图绘制

任务目标

1. 掌握溢流阀的结构及其工作原理。

2. 能够按照规范程序拆装溢流阀。

3. 能够简单绘制溢流阀的内部结构图。

注意事项

1. 学生自己动手操作拆装溢流阀时,一定要小心谨慎,注意自身安全,防止出现零件掉落砸伤等安全事件。

2. 学生拆装溢流阀时,要做到小心谨慎、用力适度,严防破坏性拆卸,以免损坏零件或影响精度,造成不必要的损失。拆卸后应将零件按类别妥善保管,防止混乱和丢失。

实施流程

序号	工作内容	教师活动	学生活动
1	布置任务	下达任务书,组织小组讨论学习	接受任务,明确工作内容
2	知识准备	讲解溢流阀的结构和工作原理	掌握溢流阀的结构和工作原理等相关知识
3	实践操作	演示拆装溢流阀的过程,绘制溢流阀内部结构图,并巡视指导	拆卸溢流阀 绘制溢流阀的内部结构图 装配溢流阀
4	考核评价		

知识准备

一、压力控制阀简介

在液压系统中,控制和调节液压系统油液压力或利用油液压力作为信号控制其他元件动作的阀称为压力控制阀。按其功能和用途不同,压力控制阀可分为溢流阀、减压阀、顺序阀和压力继电器等。

所有的压力控制阀都是利用作用在阀芯上的油液压力和弹簧力相对平衡的原理进行工作的,调节弹簧的预压缩量,便可获得不同的控制压力。

二、溢流阀

溢流阀是通过阀口的溢流，使被控制系统或回路的压力维持恒定，从而实现稳压、调压或限压作用。它是液压系统中的调压器、限压器。

溢流阀起安全保护作用，作为安全阀用，限制系统最高压力，保护液压系统中的其他元件，防止超载引起的管路破坏，作用相当于电路中的熔丝。系统正常工作时，阀是关闭状态；当系统的压力达到其设定的压力上限时，阀开启，泵的输出流量经溢流阀流回油箱，系统压力不再升高。

溢流阀起调压作用，作为调压阀用。根据负载大小，液压系统需要调节成不同大小的压力，起调压器的作用。

对溢流阀的主要要求是：调压范围大，调压偏差小，压力振摆小，动作灵敏，过流能力大，噪声小。溢流阀按照其结构和工作原理，分为直动式溢流阀和先导式溢流阀。

三、直动式溢流阀的结构和工作原理

图 5-17 所示为直动式溢流阀的工作原理及其图形符号，由液压泵来的液压油经 P 口流入溢流阀，其油液压力作用于阀芯 3 上，而调压弹簧所施加的弹簧力则作用于阀芯的另一侧。图 5-17a 中，当系统中液压油作用于阀芯 3 上的油液压力低于预设调定的弹簧力时，阀芯 3 关闭，不起溢流作用；图 5-17b 中，当系统中液压油作用于阀芯 3 上的油液压力超过调定的弹簧力时，阀芯 3 被打开，液压油经溢流阀的回油口 T 流回油箱，完成溢流过程。通过旋转手柄 8 可调节调压弹簧 4 的预设调定压力值，以达到对系统压力大小调节和设定的目的。

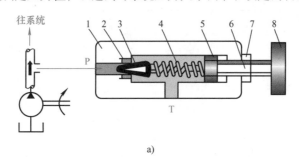

a)

微课名称：
溢流阀

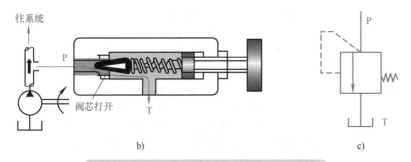

b)　　　　　　　　　　c)

图 5-17　直动式溢流阀的工作原理及图形符号

a）油压小于预设压力，不溢流　b）油压大于预设压力，溢流　c）直动式溢流阀图形符号
1—阀体　2—阀座　3—阀芯　4—调压弹簧　5—调节杆　6—调压螺钉　7—螺母　8—手柄

四、先导式溢流阀的结构和工作原理

上述直动式溢流阀阀芯上的油液压力直接与弹簧力平衡，弹簧力的大小直接用手柄调节，由于高压时因油液产生的压力很大，要使用刚度大的弹簧，这时会出现手柄调节困难的现象，因而不适用于高压大流量的系统中，另一方面直动式溢流阀启闭特性差，因此就出现了先导式溢流阀。先导式溢流阀在结构上分为两部分，上部是一个小规格的直动式溢流阀作为先导部分，下部是主阀部分，这样构成的先导式溢流阀调节力矩小，启闭特性好。先导式溢流阀相对于直动式溢流阀工作原理复杂一些，这里只做简单讲解。

图 5-18 所示为先导式溢流阀的工作原理及其图形符号，液压油由进油腔 P 流入，作用

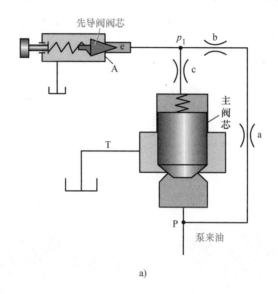

a)

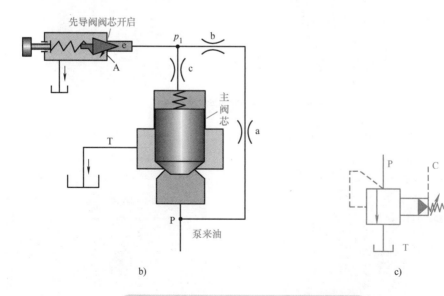

b)   c)

图 5-18 先导式溢流阀的工作原理及图形符号

a）不溢流 b）溢流 c）图形符号

在主阀芯下端，并且经过主阀芯上的阻尼孔 A、流道 b 进入主阀芯上腔，进入先导阀的右腔，再经阀盖上的阻尼孔 e 作用在先导阀阀芯上。

当系统压力 p 小于调压弹簧调定压力时，先导阀芯在弹簧力的作用下，处于关闭状态，阀内无油液流动，所以主阀芯上下腔油液压力相等，即 $p = p_1$，此时主阀处于关闭状态，P 腔和 T 腔不通。

当系统压力大于调压弹簧的调定压力时，先导阀打开，P 腔来的液压油经阻尼孔 a 压力降为 p_1，而先导阀前腔经 c 孔与主阀上腔相通，所以在主阀上下腔便产生压力差，于是主阀芯向上抬起，主阀口打开，P 腔到 T 腔溢流后，压力 p 下降小于调压弹簧预设压力，溢流停止。改变调压弹簧预设压力便可控制系统压力。

对溢流阀有一定的了解后，便按小组进行拆装实训，并绘制溢流阀的内部结构图。

实践操作

一、准备实操工具

拆装先导式溢流阀需准备以下工具：内六角扳手、开口扳手、M5 螺钉等。

绘制先导式溢流阀内部结构图需准备以下工具：钢直尺、游标卡尺等。

二、拆卸先导式溢流阀

拆卸图 5-19 所示的两节同心先导式溢流阀需要以下几个步骤：

图 5-19　两节同心先导式溢流阀

1）使用内六角扳手卸下 4 个紧固螺钉，卸下先导阀，如图 5-20 和图 5-21 所示。

图 5-20　卸下紧固螺钉

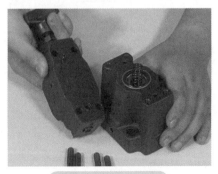

图 5-21　卸下先导阀

2）使用扳手将先导阀锁紧螺母拧松，卸下先导阀的调节螺钉部分，如图 5-22 所示。

3）旋入 M5 螺钉，拔出调节杆，如图 5-23 所示。

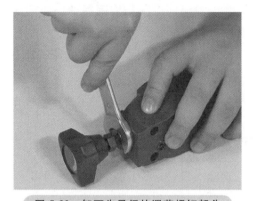

图 5-22 卸下先导阀的调节螺钉部分

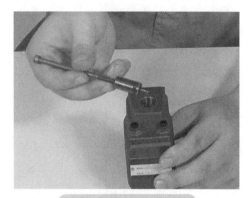

图 5-23 旋入 M5 螺钉

4）倒出先导阀调节弹簧和阀芯，先导阀拆卸完毕，如图 5-24 所示。

5）取出主阀体平衡弹簧，如图 5-25 所示。

6）取出主阀体阀芯，主阀体拆装完毕，如图 5-26 所示。

图 5-24 倒出先导阀调节弹簧和阀芯

图 5-25 取出主阀体平衡弹簧

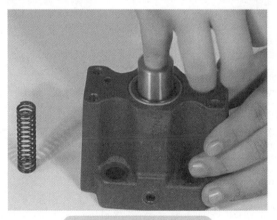

图 5-26 主阀体拆装完毕

三、绘制溢流阀内部结构图

使用测绘工具简单测量溢流阀主要构件，并绘制出溢流阀内部结构剖视图，如图 5-27 所示。

由于溢流阀内部结构较为复杂，所以不要求学生所绘制的内部结构图十分精细，能够表明学生已经掌握溢流阀内部结构便可。

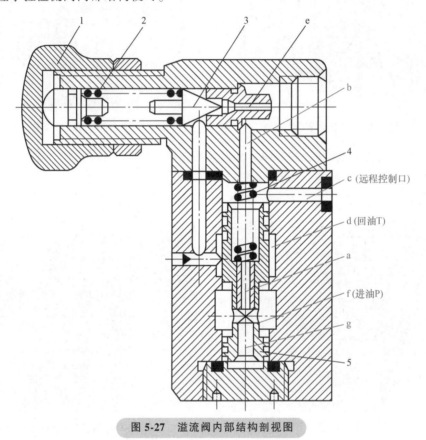

图 5-27　溢流阀内部结构剖视图

1—锁紧螺母　2—调压弹簧　3—先导阀芯　4—主阀体弹簧　5—主阀体阀芯

四、装配先导式溢流阀

装配前，要先检查各零件磨损情况，有必要进行适当的修理和更换，所有零件用柴油仔细清洗后再投入装配。装配过程基本与拆卸过程相反，具体步骤如下：

1）将主阀体阀芯装入主阀体孔内，如图 5-28 所示。

2）将主阀体平衡弹簧装入主阀体内，主阀体装配完成，如图 5-29 所示。

3）装配先导阀时，使用 M5 螺钉旋入调节杆内，再将调压弹簧、先导阀芯与调节杆套成一体，然后倒着装入先导阀内，最后小心旋出 M5 螺钉，如图 5-30 所示。

4）拧入先导阀调节螺钉部分，使用扳手拧紧先导阀锁紧螺母，如图 5-31 所示。

5）先导阀底部装上 O 形密封圈，保证 O 形密封圈完好，将先导阀阀体对准螺钉孔平放在主阀体上，如图 5-32 所示。

图 5-28　装入主阀体阀芯

图 5-29　装入主阀体弹簧

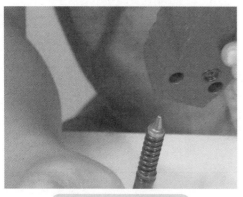

图 5-30　旋出 M5 螺钉

图 5-31　使用扳手拧紧先导阀锁紧螺母

6）使用内六角扳手按照对角顺序拧紧 4 个紧固螺钉，装配完成，如图 5-33 所示。

图 5-32　将先导阀阀体对准螺钉孔平放在主阀体上

图 5-33　装配完成

五、实训后尽快完成实习报告，交由课代表统一上交任课教师

考核评价

实训任务完成后，进行考核与评价。具体评分细则见表 5-5。

表 5-5　溢流阀的拆装与结构图绘制考核评价表

评价内容	评价标准	分值	评价得分			
			自评	组评	师评	总评
出勤情况	按时上课、下课,不迟到,不早退	10分				
理论知识	能表述溢流阀的特点、结构和工作原理	15分				
拆卸实践	依据所学的知识,按正确的步骤拆卸溢流阀	15分				
结构图绘制	测量各个零件尺寸大小,正确绘制出溢流阀内部结构图	10分				
装配实践	依据所学的知识,按正确的步骤装配溢流阀	15分				
调试操作	溢流阀装配好后检测正常	5分				
合作交流	拆装实践时组内同学分工明确、相互协作 遇有问题,小组同学能共同探讨解决	10分				
行为习惯	爱护实训器材设备,拆装的元件能规范清洗、放置有序 维持实训场所整洁有序,实训完成后及时打扫 实训时不大声喧哗,不随意活动,保持实训场所安静	10分				
报告总结	实训报告书写认真,字迹工整,内容完整	10分				

巩固与提高

一、填空题

1. 压力控制阀是利用作用在阀芯上的＿＿＿＿和＿＿＿＿相对平衡的原理进行工作的。

2. 溢流阀在液压系统中起到＿＿＿＿、＿＿＿＿或＿＿＿＿作用。

二、选择题

1. 从功能方面看,溢流阀在液压系统中的作用类似于 (　　) 在电路中的作用。

A. 电阻　　　　　　　　　　B. 二极管　　　　　　　　　　C. 熔丝

2. (　　) 适合用于高压大流量的液压系统中。

A. 直动式溢流阀　　　　　　B. 先导式溢流阀　　　　　　C. 两者都可以

三、简答题

1. 简述溢流阀的工作原理。

2. 当液压系统压力低于溢流阀的调定压力时,系统压力取决于什么?

任务4　减压阀的拆装与结构图绘制

任务目标

1. 掌握减压阀的结构及其工作原理。

2. 能够按照规范程序拆装减压阀。

3. 能够简单绘制减压阀的内部结构图。

注意事项

1. 学生自己动手操作拆装减压阀时，一定要小心谨慎，注意自身安全，防止出现零件掉落砸伤等安全事故。

2. 学生拆装减压阀时，要做到小心谨慎、用力适度，严防破坏性拆卸，以免损坏零件或影响精度，造成不必要的损失。拆卸后应将零件按类别妥善保管，防止混乱和丢失。

实施流程

序号	工作内容	教师活动	学生活动
1	布置任务	下达任务书,组织小组讨论学习	接受任务,明确工作内容
2	知识准备	讲解减压阀的结构和工作原理	掌握减压阀的结构和工作原理等相关知识
3	实践操作	演示拆装减压阀的过程,绘制减压阀的内部结构图,并巡视指导	拆卸减压阀
			绘制减压阀的内部结构图
			装配减压阀
4	考核评价		

知识准备

一、减压阀功能与要求

减压阀是一种利用油液通过缝隙时压力下降的原理，使油液出口压力低于进口压力的压力控制阀。减压阀分为定值、定差和定比三种，其中最常用的是定值减压阀。如不指明，通常所称的减压阀即为定值减压阀。

在同一个液压系统中，往往出现一个液压泵要同时向几个执行元件供油，而各个执行元件所需的工作压力不尽相同的情况。若某一执行元件所需的工作压力较泵的供油压力低时，可在该支路中串联一减压阀来实现。总体来说，减压阀的作用就是使系统中某一支路上获得比溢流阀的调定压力低且稳定的工作压力。

对减压阀的要求是：出口压力维持稳定，不受进口压力、通过流量大小的影响。

二、减压阀的结构和工作原理

减压阀根据其结构和工作原理不同，可分为直动式减压阀和先导式减压阀两种，其中先导型减压阀应用较为广泛。

图 5-34 所示为先导式减压阀的结构原理和图形符号。先导式减压阀也是由先导阀和主阀两部分组成，由先导阀调压，主阀减压。进口压力为 p_1 的压力油从进口流入，经主阀阀口（减压缝隙）减压后压力为 p_2 并从出口流出，同时油液经过孔 a_2 流入阀芯下腔，并通过阻尼孔 9 流入阀芯上腔，经孔 a_1 作用在先导阀阀芯（锥阀）3 上。当负载较小，出口压力 p_2 低于调定压力时，先导阀关闭，由于阻尼孔 9 没有油液流动，所以主阀芯上、下两腔油压相等，主阀芯在弹簧作用下处于最下端，减压阀口全开，不起减压作用。当出口油压力 p_2 超过调定压力时，先导阀被打开，因阻尼孔的降压作用，使主阀芯上、下两腔产生压力

差，主阀芯在压力差作用下克服弹簧力向上移动，减压阀口减小，起到减压作用。当出口压力下降到调定值时，先导阀阀芯和主阀芯同时处于受力平衡状态，出口压力稳定不变，等于调定压力。如果进口压力 p_1 升高，则出口压力 p_2 也升高，使主阀芯上移，减压口关小，压力降增大，出口压力 p_2 又下降，使主阀芯在新的位置上达到平衡，而出口压力 p_2 基本维持不变。由于工作过程中，减压阀的开口能随进口压力的变化而自动调节，因此能自动保持出口压力恒定。调节调压弹簧 11 的预紧力即可调节减压阀的出口压力。

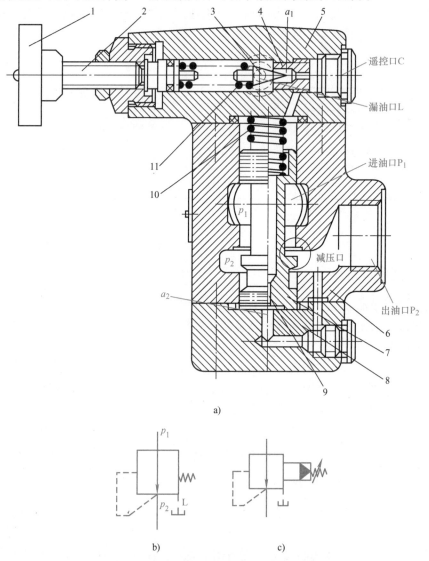

图 5-34　先导式减压阀的结构原理和图形符号

a）结构图　b）直动式图形符号　c）先导式图形符号

1—调压手轮　2—调节螺钉　3—锥阀　4—锥阀座　5—阀盖　6—阀体　7—主阀芯
8—端盖　9—阻尼孔　10—主阀弹簧　11—调压弹簧

微课名称：
减压阀

减压阀的主要组成部分与溢流阀相同，外形也相似，但也有以下几点不同之处：

1）溢流阀的阀芯运动所需的压力来自进油口油压，保证进油口压力恒定；减压阀则来自出油口油压，保证出油口压力恒定。

2）在常态下，溢流阀进、出油口是关闭的，而减压阀是开启的。

3）减压阀的先导阀弹簧腔需通过泄油口单独外接油箱；而溢流阀的出油口直接接通油箱，所以它的先导阀弹簧腔泄油口可通过阀体上的通道与出油口接通，不必单独外接油箱。

对减压阀有一定的了解后，便按小组动手进行拆装实训，并绘制减压阀的内部结构图。

实践操作

一、准备实训工具

拆装减压阀需准备以下工具：内六角扳手、扳手等。

绘制减压阀内部结构图需准备以下工具：钢直尺、游标卡尺等。

二、拆装减压阀

由于减压阀的结构组成与溢流阀类似，所以拆装减压阀的步骤与拆卸溢流阀的步骤类似。拆卸图5-35所示的国产J型先导式减压阀，使用扳手卸下有关螺钉与堵头，便可拆卸减压阀。装配时的顺序与拆卸时相反。装配前要先检查各零件磨损情况，有必要进行适当的修理和更换，所有零件用机油仔细清洗后再进行装配。还应注意O形密封圈装配时的位置及密封效果。

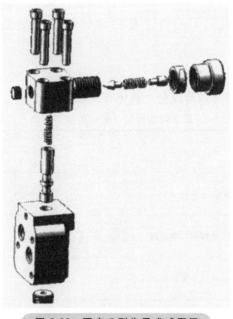

图 5-35　国产 J 型先导式减压阀

三、绘制减压阀内部结构图

使用测绘工具简单测量减压阀主要构件，并绘制出减压阀内部结构剖视图，如图5-36所示。

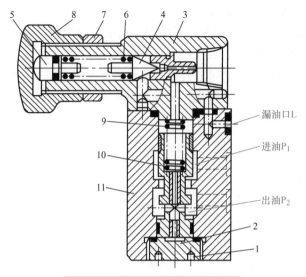

图 5-36　减压阀内部结构剖视图

1—螺钉　2—堵头　3—先导阀阀体　4—先导阀阀芯　5—调节杆　6—调压弹簧
7—锁紧螺母　8—调压手柄　9—平衡弹簧　10—主阀芯　11—主阀体

　　由于减压阀内部结构较为复杂，所以不要求学生所绘制的内部结构图十分精细，能够表明学生已经掌握减压阀内部结构便可。

四、实训后尽快完成实习报告，交由课代表统一上交任课教师

考核评价

　　实训任务完成后，进行考核与评价。具体评分细则见表5-6。

表 5-6　减压阀的拆装与结构图绘制考核评价表

评价内容	评价标准	分值	评价得分			
			自评	组评	师评	总评
出勤情况	按时上课、下课，不迟到，不早退	10 分				
理论知识	能表述减压阀的特点、结构和工作原理	15 分				
拆卸实践	依据所学的知识，按正确的步骤拆卸减压阀	15 分				
结构图绘制	测量各个零件尺寸，正确绘制出减压阀内部结构图	10 分				
装配实践	依据所学的知识，按正确的步骤装配减压阀	15 分				
调试操作	减压阀装配好后检测正常	5 分				

（续）

评价内容	评价标准	分值	评价得分			
			自评	组评	师评	总评
合作交流	拆装实践时组内同学分工明确、相互协作	10分				
	遇有问题，小组同学能共同探讨解决					
行为习惯	爱护实训器材设备，拆装的元件能规范清洗、放置有序	10分				
	维持实训场所整洁有序，实训完成后及时打扫					
	实训时不大声喧哗，不随意活动，保持实训场所安静					
报告总结	实训报告书写认真，字迹工整，内容完整	10分				

巩固与提高

一、填空题

1. 减压阀的作用就是使系统中_____获得比溢流阀的调定压力_____且_____的工作压力。

2. 溢流阀与减压阀结构相似，但溢流阀的出油口接_____，而减压阀的出油口接_____。

二、选择题

1. 减压阀控制的是（　　　）的压力。

A. 出油口　　　　　　　　B. 阀体内　　　　　　　　C. 进油口

2. 减压阀工作时保持（　　　）压力不变。

A. 出油口　　　　　　　　B. 进油口　　　　　　　　C. 进、出油口

三、简答题

1. 简述减压阀工作原理。

2. 现有两个压力阀，由于铭牌脱落，分不清哪个是溢流阀，哪个是减压阀，又不希望把阀拆开，如何根据其特点做出正确判断？

任务5　顺序阀的拆装与结构图绘制

任务目标

1. 掌握顺序阀的结构及其工作原理。
2. 能够按照规范程序拆装顺序阀。
3. 能够简单绘制顺序阀的内部结构图。

注意事项

1. 学生自己动手操作拆装顺序阀时，一定要小心谨慎，注意自身安全，防止出现零件掉落砸伤等安全事故。

2. 学生拆装顺序阀时，要做到小心谨慎、用力适度，严防破坏性拆卸，以免损坏零件或影响精度，造成不必要的损失。拆卸后应将零件按类别妥善保管，防止混乱和丢失。

实施流程

序号	工作内容	教师活动	学生活动
1	布置任务	下达任务书,组织小组讨论学习	接受任务,明确工作内容
2	知识准备	讲解顺序阀的结构和工作原理	掌握顺序阀的结构和工作原理等相关知识
3	实践操作	演示拆装顺序阀的过程,绘制顺序阀的内部结构图,并巡视指导	拆卸顺序阀
			绘制顺序阀的内部结构图
			装配顺序阀
4	考核评价		

知识准备

微课名称:
顺序阀

一、顺序阀的功用

顺序阀是以压力作为控制信号,自动接通或切断其油路的压力阀。顺序阀常用来控制同一个液压系统中多个执行元件动作的先后顺序。

二、顺序阀的结构和工作原理

顺序阀按照结构不同可分为直动式顺序阀和先导式顺序阀两种,直动式顺序阀用于低压系统,先导式顺序阀用于中高压系统。

如图 5-37 和图 5-38 所示分别为直动式顺序阀和先导式顺序阀的结构原理和图形符号。

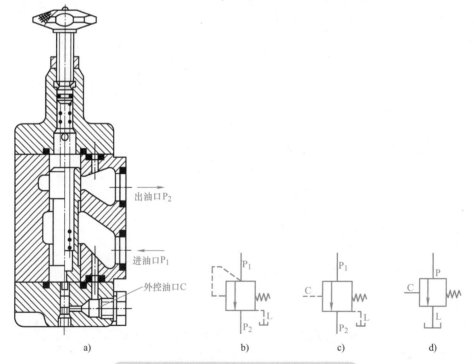

图 5-37 直动式顺序阀的结构原理和图形符号

a) 结构图　b) 直动式顺序阀　c) 液控顺序阀　d) 卸荷阀

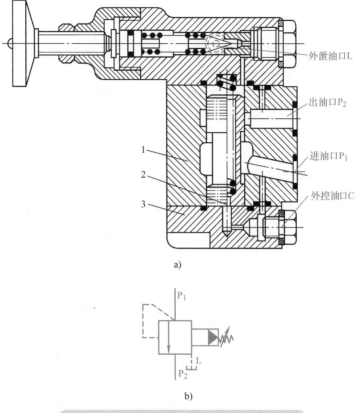

外泄油口L

出油口P₂

进油口P₁

外控油口C

1

2

3

a)

b)

图 5-38 先导式顺序阀的结构原理和图形符号

a）结构图 b）图形符号

1—阀体 2—阻尼孔 3—下盖

顺序阀的结构和工作原理与溢流阀相似。当进口压力低于调定压力时，阀口关闭；当进口压力超过调定压力时，进、出口接通，出口的压力油使其后面的执行元件动作。出口油路的压力由负载决定，其泄油口需要单独接回油箱。调节弹簧的预紧力，就能调节打开顺序阀所需的压力。

若将顺序阀的下盖旋转 90°或者 180°安装，去掉外控油口 C 的螺塞，并从外控油口 C 引入控制压力油来控制顺序阀口的启闭，这样的顺序阀称为液控顺序阀。液控顺序阀阀口的开启和关闭与顺序阀所在的主油路进口压力无关，其只取决于外控油口 C 引入的控制压力。若进一步将液控顺序阀的外泄油口 L 与出油口 P₂ 相通，并将外泄油口 L 外部堵死，就成了外控内泄式顺序阀，阀的出口接油箱，常用于泵的卸荷，故称为卸荷阀。

对顺序阀有一定的了解后，便按小组动手进行拆装实训，并绘制其内部结构图。

实践操作

一、准备实训工具

拆装顺序阀需准备以下工具：内六角扳手、扳手等。

绘制顺序阀内部结构图需准备以下工具：钢直尺、游标卡尺等。

二、拆装顺序阀

由于顺序阀的结构组成与溢流阀相似，所以拆装顺序阀的步骤与拆卸溢流阀的步骤相似。拆卸图 5-39 所示的管式直动式顺序阀，使用扳手卸下顶盖安装螺钉 3 与底盖安装螺钉 11，便可拆卸所有部件。装配时的顺序与拆卸时相反。装配前要先检查各零件磨损情况，有必要进行适当的修理和更换，所有零件用机油仔细清洗后再进行装配。另外，还应注意 O 形密封圈装配时的位置及密封效果。

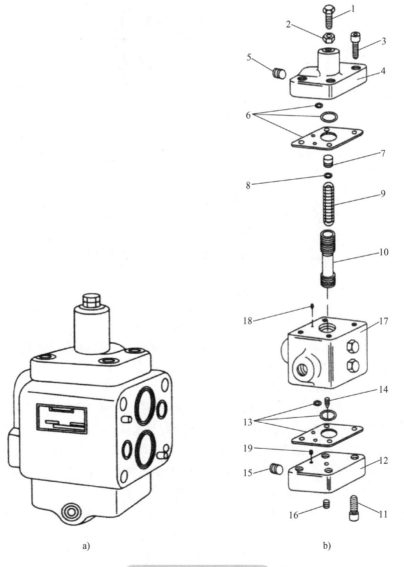

图 5-39 顺序阀的拆卸

a) 外观 b) 拆分图

1—调压螺钉 2—锁紧螺母 3、11—螺钉 4—上盖 5、15、16—螺塞 6、13—密封件 7—调节杆 8—O 形密封圈
9—调压弹簧 10—阀芯 12—下盖 14—控制柱塞 17—管式顺序阀阀体 18、19—堵头

三、绘制顺序阀内部结构图

使用测绘工具简单测量顺序阀主要构件，并绘制出顺序阀内部结构剖视图，如图 5-37a 所示。由于顺序阀内部结构较为复杂，所以不要求学生所绘制的内部结构图十分精细，能够表明学生已经掌握顺序阀内部结构便可。

四、实训后尽快完成实习报告，交由课代表统一上交任课教师

考核评价

实训任务完成后，进行考核与评价。具体评分细则见表 5-7。

表 5-7　顺序阀的拆装与结构图绘制考核评价表

评价内容	评价标准	分值	评价得分			
			自评	组评	师评	总评
出勤情况	按时上课、下课，不迟到，不早退	10 分				
理论知识	能表述顺序阀的特点、结构和工作原理	15 分				
拆卸实践	依据所学的知识，按正确的步骤拆卸顺序阀	15 分				
结构图绘制	测量各个零件尺寸，正确绘制出顺序阀内部结构图	10 分				
装配实践	依据所学的知识，按正确的步骤装配顺序阀	15 分				
调试操作	顺序阀装配好后检测正常	5 分				
合作交流	拆装实践时组内同学分工明确、相互协作	10 分				
	遇有问题，小组同学能共同探讨解决					
行为习惯	爱护实训器材设备，拆装的元件能规范清洗、放置有序	10 分				
	维持实训场所整洁有序，实训完成后及时打扫					
	实训时不大声喧哗，不随意活动，保持实训场所安静					
报告总结	实训报告书写认真，字迹工整，内容完整	10 分				

巩固与提高

一、填空题

1. 顺序阀常用来控制_____中_____动作的_____。

2. 顺序阀按照结构不同可分为_____和_____两种，_____用于低压系统，_____用于中高压系统。

二、选择题

1. 顺序阀工作时的出口压力等于（　　　）。

A. 零　　　　　　　　　　　　B. 进口压力

2. 顺序阀作为卸荷阀时的控制方式和泄油方式为（　　　）。

A. 内部控制，外部回油　　　　B. 外部控制，外部回油

C. 外部控制，内部回油　　　　D. 内部控制，内部回油

三、简答题

1. 简述顺序阀的工作原理。

2. 顺序阀与溢流阀的相同与不同之处都有哪些？

6

项目6 液压回路连接

项目描述

　　一台机器设备的液压系统不管多么复杂，总是由一些简单的基本回路组成的。所谓液压基本回路，指由几个液压元件组成的用来完成特定功能的典型回路。按其功能的不同，液压基本回路可分为压力控制回路、速度控制回路、方向控制回路和多缸动作回路等。熟悉和掌握这些回路的组成、结构、工作原理和性能，对于正确分析和设计液压系统是十分重要的。

项目目标

1. 根据液压回路原理图连接实物。
2. 锻炼学生实践操作能力。
3. 培养学生创新思维。

素质目标

1. 培养学生对本学科基本概念、原理和方法的深入理解和运用的能力。
2. 提高学生的问题分析与解决能力、逻辑推理能力以及批判性思考能力。

任务1　压力控制回路连接

任务目标

1. 使学生了解常见的压力控制回路，识别各元件并掌握元件在系统中的作用。
2. 了解液压传动中，压力控制的基本知识。

任务要求

1. 各小组接受任务后讨论并制订完成任务的实施计划。
2. 能识读简单的压力控制回路图。
3. 了解压力控制回路的动作要求。
4. 清楚整个系统采用的液压元件的名称、数量。
5. 掌握压力控制回路的连接及操作过程，明确控制方式。
6. 整理任务实施报告。

注意事项

1. 各组任务目标必须明确一致。
2. 熟记液压回路安全操作规程，严禁违章作业。
3. 熟记各种液压工具的使用方法。
4. 熟练识别液压控制回路中的元件。
5. 接线触头连接牢固，无松动感。
6. 打开定量泵前必须经指导教师同意，并在指导教师监护下进行。
7. 需要安全文明操作。
8. 操作完毕，要对现场进行彻底清理，收齐工具。

实施流程

序号	工作内容	教师活动	学生活动
1	布置任务	下达任务书,组织小组讨论学习	接受任务,明确工作内容
2	知识准备	讲解压力控制回路	明确压力控制回路的分类
		分别讲解五种回路的工作原理	熟悉液压元件,掌握管道连接方法,明确回路工作原理
		分别讲解压力控制回路典型回路的工作过程	掌握基本执行元件的名称符号及典型结构,熟悉元件的动作过程
		讲解安全操作的重要意义	熟记安全操作规程
3	实践操作	现场讲解压力控制回路中调压回路的构成及运动特点,演示调压回路图的画法,组织学生分组连接操作,并巡视指导	识读压力控制回路调压回路原理图、识别主要元件
		按照线路图连接线路,明确操作过程	书写实际操作过程
4	考核评价		

知识准备

压力控制回路是利用压力控制阀来控制系统和支路压力，实现调压、增压、减压、平衡、卸荷和保压等目的，以满足执行元件对力或力矩的要求。

压力控制回路分为：调压回路、增压回路、减压回路、平衡回路、卸荷回路和保压回路。

一、调压回路

液压系统的工作压力必须与所承受的负载相适应。当液压系统采用定量泵供油时，液压泵的工作压力可以通过溢流阀来调节；当液压系统采用变量泵供油时，液压泵的工作压力主要取决于负载，用安全阀来限定系统的最高工作压力，以防止系统过载。当系统中需要两种以上压力时，则可采用多级调压回路来满足不同的压力要求。

功用：调定和限制液压系统的最高工作压力，或者使执行机构在工作过程不同阶段实现多级压力变换。一般用溢流阀来实现这一功能。

1. 单级调压回路

系统由定量泵供油，采用节流阀调节进入液压缸的流量，使活塞获得所需要的运动速度。定量泵输出的流量要大于进入液压缸的流量，也就是说只有一部分油进入液压缸，多余部分的油液则通过溢流阀流回油箱。这时，溢流阀处于常开状态，泵的出口压力始终等于溢流阀的调定压力。调节溢流阀便可调节泵的供油压力，溢流阀的调定压力必须大于液压缸最大工作压力和油路上各种压力损失的总和。

系统中有节流阀的单级调压回路如图6-1所示。当执行元件工作时溢流阀始终处于溢流状态，使系统压力保持稳定，溢流阀作为定压阀用。

系统中无节流阀的单级调压回路如图6-2所示。当系统工作压力达到或超过溢流阀调定压力时，溢流阀才溢流，对系统起安全保护作用，溢流阀作为安全阀用。

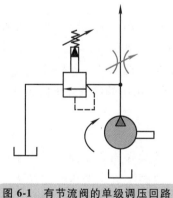

图 6-1　有节流阀的单级调压回路

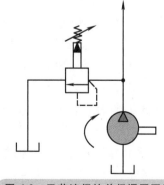

图 6-2　无节流阀的单级调压回路

2. 多级调压回路

很多液压系统中液压缸活塞往返行程的工作压力差别很大，为了降低功率损耗，减少油液发热，可以采用二级调压回路。

图 6-3 所示为二级调压回路。先导式溢流阀 1 的外控口串接二位二通换向阀 2 和远程调压阀 3，构成二级调压回路。当两个压力阀的调定压力为 $p_3 < p_1$ 时，系统可通过换向阀的左位和右位分别获得 p_3 和 p_1 两种压力。如果在溢流阀的外控口，通过多位换向阀的不同通油口并联多个调压阀，即可构成多级调压回路。

图 6-4 为三级调压回路。换向阀左位工作时，由阀 4 调压；换向阀右位工作时，由阀 3 调压；换向阀中位工作时，由阀 1 调压。（注：阀 3 和阀 4 的调定压力均小于阀 1。）

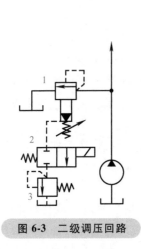

图 6-3　二级调压回路

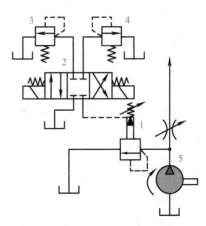

图 6-4　三级调压回路

二、增压回路

增压回路用来使系统中某一支路获得比系统压力高且流量不大的油液供应。利用增压回路，液压系统可以采用压力较低的液压泵，甚至压缩空气动力源来获得较高压力的压力油。在增压回路中实现油液压力放大的主要元件是增压器，其增压比为增压器大小活塞的面积之比。

1. 单作用增压器增压回路

图 6-5a 所示为单作用增压器增压回路，它适用于单向作用力大、行程小、作业时间短的场合，如制动器、离合器等。当压力为 p_1 的油液进入增压器的大活塞腔时，在小活塞腔即可得到压力为 p_2 的高压油液，增压的倍数等于增压器大小活塞的工作面积之比。当二位四通电磁换向阀右位接入系统时，增压器的活塞返回，补油箱中的油液经单向阀补入小活塞腔。这种回路只能间断增压。

2. 双作用增压器增压回路

图 6-5b 所示为采用双作用增压器的增压回路，它能连续输出高压油，适用于增压行程要求较长的场合。泵输出的压力油经换向阀 5 左位和单向阀 1 进入增压器左端大、小活塞腔，右端大活塞腔的回油通油箱，右端小活塞腔增压后的高压油经单向阀 4 输出，此时单向阀 2、3 被关闭；当活塞移到右端时，换向阀 5 通电换向，活塞向左移动，左端小活塞腔输出的高压液体经单向阀 3 输出。这样增压缸的活塞不断往复运动，两端便交替输出高压液体，实现了连续增压。

三、减压回路

减压回路的作用是使系统中的某一部分油路或某个执行元件获得比系统压力低的稳定压力，机床工件的夹紧、导轨润滑及液压系统的控制油路常需采用减压回路。

图 6-6 所示为液压系统中的减压回路。最常见的减压回路是在需要低压的支路上串接定值减压阀，如图 6-6a 所示。回路中的单向阀 3 用于当主油路压力低于减压阀 2 的调定值时，防止液压缸 4 的压力受其干扰，起短时保压作用。

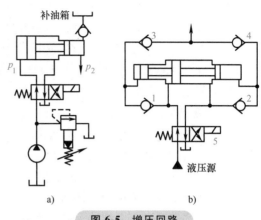

图 6-5 增压回路

图 6-6b 是二级减压回路。在先导式减压阀 2 的遥控口上接入远程调压阀 3，当二位二通换向阀处于图示位置时，液压缸 4 的压力由减压阀 2 的调定压力决定；当二位二通换向阀处于右位时，液压缸 4 的压力由远程调压阀 3 的调定压力决定，调压阀 3 的调定压力必须低于减压阀 2。液压泵的最大工作压力由溢流阀 1 调定。减压回路也可以采用比例减压阀来实现无级减压。

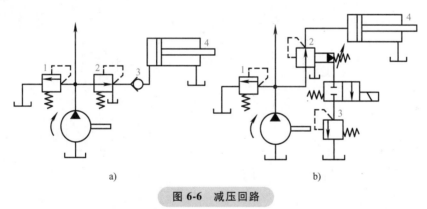

图 6-6 减压回路

为了保证减压回路的工作可靠性，减压阀的最低调整压力不应小于 0.5MPa，最高调整压力至少比系统调整压力小 0.5MPa。由于减压阀工作时存在阀口的压力损失和泄漏口泄漏造成的容积损失，故这种回路不适宜用在压力降或流量较大的场合。

必须指出的是，负载在减压阀出口处所产生的压力应不低于减压阀的调定压力，否则减压阀不可能起到减压、稳压作用。

四、平衡回路

为了防止立式液压缸与垂直工作部件由于自重而下滑或在下行运动中由于自重而造成超速，使运动不平稳，这时可采用平衡回路。即在立式液压缸下行的回油路上设置一顺序阀使之产生适当的阻力，以平衡自重。

1. 采用单向顺序阀（也称平衡阀）平衡回路

单向顺序阀的调定压力应稍大于由工作部件自重在液压缸下腔中形成的压力。如图 6-7

所示，当液压缸不工作时，工作部件自重产生的压力小于顺序阀调定压力，顺序阀关闭，工作部件不会自行下滑；液压缸上腔通入压力油，当下腔背压力大于顺序阀的调定压力时，顺序阀开启。由于自重得到平衡，故不会产生超速现象。当压力油经单向阀进入液压缸下腔时，活塞上行。这种回路停止时会由于顺序阀的泄漏而使运动部件缓慢下降，所以要求顺序阀的泄漏量要小。由于回油腔有背压，功率损失较大。

2. 采用液控单向阀平衡回路

图6-8是采用液控单向阀的平衡回路。由于液控单向阀是锥面密封，泄漏量小，故其闭锁性能好，活塞能够较长时间静止不动。回油路上串联单向节流阀可以保证下行运动的平稳性。

如果回油路上没有节流阀，活塞下行时液控单向阀被进油路上的控制油打开，回油腔没有背压，运动部件因自重而加速下降，造成液压缸上腔供油不足而失压，液控单向阀因控制油路失压而关闭。液控单向阀关闭后控制油路又建立起压力，该阀再次被打开。液控单向阀时开时闭，使活塞在向下运动过程中时走时停，从而会导致系统产生振动和冲击。

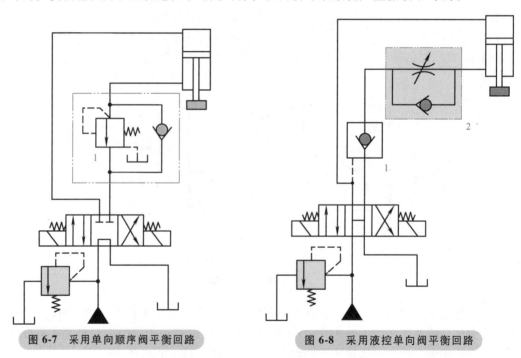

图6-7　采用单向顺序阀平衡回路　　　　图6-8　采用液控单向阀平衡回路

3. 采用遥控平衡阀平衡回路

图6-9所示为采用遥控平衡阀的平衡回路。在背压不太高的情况下，活塞因自重负载而加速下降，活塞上腔因供油不足、压力下降，平衡阀的控制压力下降，阀口就关小，回油的背压相应上升，起支撑和平衡重力负载的作用增强，从而使阀口的大小能自动适应不同负载对背压的要求，保证了活塞下降速度的稳定性。当换向阀处于中位时，液压泵卸荷，平衡阀遥控口压力为零，阀口自动关闭，由于这种平衡阀的阀芯有很好的密封性，故能起到长时间对活塞进行闭锁和定位作用。这种遥控平衡阀又称为限速阀。

必须指出，无论是平衡回路还是背压回路，在回油管路上都存在背压力，故都需要提高供油压力。但这两种基本回路也有区别，主要表现在功用和背压力的大小上。背压回路主要用于提高进给系统的稳定性，所具有的背压力不大。平衡回路通常是在采用立式液压缸时用以平衡运动部件的自重，以防下滑发生事故，其背压力应根据运动部件的重力而定。

五、卸荷回路

卸荷回路是在系统执行元件短时间不工作时，不频繁启停驱动泵的原动机，而使泵在很小的输出功率下运转的回路。所谓卸荷就是使液压泵在输出压力接近零的状态下工作。因为泵的输出功率等于压力和流量的乘积，因此卸荷的方法有两种，一种是将泵的出口直接接回油箱，泵在零压或接近零压下工作；一种

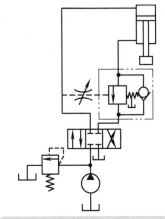

图6-9　采用遥控平衡阀平衡回路

是使泵在零流量或接近零流量下工作。前者称为压力卸荷，后者称为流量卸荷。流量卸荷仅适用于变量泵。

1. 利用换向阀中位机能的卸荷回路

定量泵利用三位换向阀的 M 型、H 型、K 型等中位机能，可构成卸荷回路。图 6-10a 为采用 M 型中位机能电磁换向阀的卸荷回路。当执行元件停止工作时，使换向阀处于中位，液压泵与油箱连通实现卸荷。这种卸荷回路的卸荷效果较好，一般用于液压泵流量小于 63L/min 的系统。但选用换向阀的规格应与泵的额定流量相适应。图 6-10b 为采用 M 型中位机能电液换向阀的卸荷回路。在该回路中，泵的出口处设置了一个单向阀，其作用是在泵卸荷时仍能提供一定的控制油压（0.5MPa 左右），以保证电液换向阀能够正常进行换向。

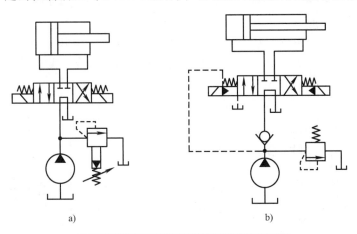

a)　　　　　　　　　　　　b)

图6-10　利用换向阀中位机能的卸荷回路

2. 采用先导式溢流阀的卸荷回路

图 6-11 为最常用的采用先导式溢流阀的卸荷回路。在图中，先导式溢流阀的外控口处接一个二位二通动断型电磁换向阀（用二位四通阀堵塞两个油口构成）。当电磁阀通电时，溢流阀的外控口与油箱相通，即先导式溢流阀主阀上腔直通油箱，液压泵输出的液压油将以很低的压力开启溢流阀的溢流口而流回油箱，实现卸荷，此时溢流阀处于全开状态（也可

以采用二位二通常通阀实现失电卸荷）。卸荷压力的高低取决于溢流阀主阀弹簧刚度的大小。

通过换向阀的流量只是溢流阀控制油路中的流量，只需采用小流量阀来进行控制。因此当停止卸荷，使系统重新开始工作时，不会产生压力冲击现象。这种卸荷方式适用于高压大流量系统。但电磁阀连接溢流阀的外控口后，溢流阀上腔的控制容积增大，使溢流阀的动态性能下降，易出现不稳定现象。为此，需要在两阀间的连接油路上设置阻尼装置，以改善溢流阀的动态性能。选用这种卸荷回路时，可以直接选用电磁溢流阀。

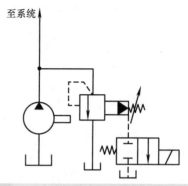

图 6-11　采用先导式溢流阀的卸荷回路

六、保压回路

保压回路的功用是在执行元件工作循环中的某一阶段，保持系统中规定的压力。

1. 利用蓄能器的保压回路

图 6-12a 所示为利用蓄能器保压的回路。系统工作时，电磁换向阀 6 的左位通电，主换向阀左位接入系统，液压泵向蓄能器和液压缸左腔供油，并推动活塞右移，压紧工件后，进油路压力升高，升至压力继电器调定值时，压力继电器发出信号使电磁阀 3 通电，通过先导式溢流阀使泵卸荷，单向阀自动关闭，液压缸则由蓄能器保压。蓄能器的压力不足时，压力继电器复位使泵重新工作。保压时间的长短取决于蓄能器的容量，调节压力继电器的通断区间即可调节缸中压力的最大值和最小值。这种回路既能满足保压工作需要，又能节省功率、减少系统发热。

图 6-12b 所示为多缸系统一缸保压回路。进给缸快进时，泵压下降，但单向阀 8 关闭，把夹紧油路和进给油路隔开。蓄能器 5 用来给夹紧缸保压并补充泄漏，压力继电器 4 的作用是夹紧缸压力达到预定值时发出讯号，使进给缸动作。

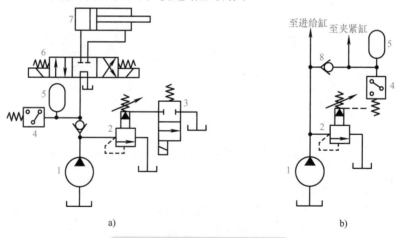

a)

b)

图 6-12　利用蓄能器的保压回路

1—液压泵　2—先导式溢流阀　3—二位二通电磁阀　4—压力继电器

5—蓄能器　6—三位四通电磁换向阀　7—液压缸　8—单向阀

2. 利用液压泵的保压回路

如图 6-13 所示，在回路中增设一台小流量高压补液压泵 5，组成双泵供油系统。当液压缸加压完毕要求保压时，由压力继电器 4 发出信号，换向阀 2 处于中位，主泵 1 卸载，同时二位二通换向阀 8 处于左位，由高压补液压泵 5 向封闭的保压系统 a 点供油，维持系统压力稳定。由于高压补液压泵只需补偿系统的泄漏量，可选用小流量泵，功率损失小，其压力稳定性取决于溢流阀 7 的稳压精度。

3. 利用液控单向阀的保压回路

图 6-14 所示为利用液控单向阀和电接触式压力表的自动补油式保压回路，当 1YA 通电时，换向阀右位接入回路，液压缸上腔压力升至电接触式压力表上触点调定的压力值时，上触点接通，1YA 断电，换向阀切换成中位，泵卸荷，液压缸由液控单向阀保压。

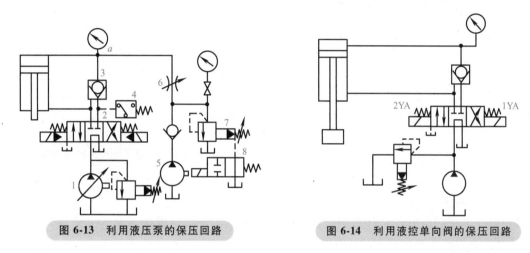

图 6-13 利用液压泵的保压回路　　图 6-14 利用液控单向阀的保压回路

当缸上腔压力下降至下触头调定的压力值时，压力表又发出信号，使 1YA 通电，换向阀右位接入回路，泵向液压缸上腔补油使压力上升，直至上触点调定值。这种回路用于保压精度要求不高的场合。

实践操作

工业上生产中空零件，常使用液压胀形的方法。液压胀形是通过模具采用液体（水、乳化液或油）作为传力介质使空心零件或管状坯料由内向外扩张，在无摩擦状态下胀出所需的凸起曲面的成形方法。应用充液拉深法对板材零件进行成形加工的工艺方法综合了胀形与拉深两种变形方式的优点，可成形非常复杂的中小批量板材零件（如不锈钢、铜、铝、铁等材质的真空杯、保温瓶、水壶以及其他餐具、器皿）。其最大特点是胀形力传递均匀，能使材料在最有利的情况下成形；成形后零件回弹少，精度高，不仅可节省后续加工及组装费用，而且可将原来需要多个零件组合的部件改成单个零件，即减少了零件组合工作，节省了模具投资和研制周期，尤其对传统工艺没法成形的长筒形、阶梯形、斜纹形等复杂结构形状产品的成形，更显出其优势；工艺过程简单，成本低廉，零件表面光滑，与其他成形方法相比，极少出现变形不均匀现象，因此适用于生产表面质量和精度要求较高的复杂形状零件。

液压胀形系统中的压力调节回路如图 6-15 所示，下面我们就此调压回路进行识读练习。

一、原理图的识读与元件的选择

1. 识读调压回路图

识别调压回路中的液压元件，写出调压回路操作过程，如图6-15所示。

1）通过自己拼装，了解调压回路组成和性能。

2）通过三个不同调定压力的溢流阀，加深对溢流阀遥控作用的理解。

3）利用现有液压元件，拟定其他调压回路。

4）写出操作过程。

2. 选择元件及耗材

根据识别液压元件实践操作的要求，列出识别操作所需要的元件及耗材清单，见表6-1。

二、液压元件的识别

1）对照调压回路图，分析液压回路，识别液压元件。

识别操作任务分配：五人一组，设安全组长。班级设安全总负责人（由班级安全员担任），本项目学习完成后由组长上交制作的作品。

2）制订调压回路中各元件识别方法的计划，必须包含液压泵的识别、溢流阀的识别、遥控式溢流阀的选择三个模块，其他内容可自行设定。

3）确定元件的识别方式，识别液压元件，并填入表6-2（表格可增加）。

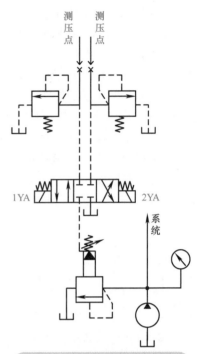

图 6-15　液压胀形系统调压回路

表 6-1　元件及耗材清单

名　称	型号及要求	数　量
定量泵		1
溢流阀		3
电磁铁		2
测压元件		2
连接管		若干

表 6-2　记录表

液压元件型号	名称	规格	用途	备注

小贴士

1）安全文明操作，没有熟练掌握前不得私自使用工具。

2）注意操作中的人身安全。

3）注意操作时的工具使用安全。

4）操作过程中，不允许打闹。

考核评价

实训任务完成后，进行考核与评价。具体评分细则见表6-3。

表 6-3　调压回路连接评价标准

项目内容	评分标准	配分	自评	组评	教师评价
出勤情况	按时上课、下课，不迟到、不早退	10分			
识图与作图	1. 会识读调压回路图，正确说明每部分线路的工作原理 2. 会正确画出调压回路图	15分			
调压回路液压元件的识别	1. 调压回路液压元件的识别 2. 液压元件在回路中的作用	20分			
高低压转换回路中元件的识别及连接	1. 定量泵的识别 2. 溢流阀的识别 3. 测压元件的使用 4. 操作过程说明 5. 连接软管的牢固程度	25分			
安全文明生产	1. 注意安全、文明生产、爱护公物 2. 团队合作，和谐共进	10分			
工时	按照规定时间，鼓励节省工时	10分			
报告及总结	实训报告完整、工整	10分			
合　计					

巩固与提高

一、填空题

1. 压力控制回路是利用压力控制阀来_____和_____，实现_____、_____、_____、_____、_____和_____等目的，以满足执行元件对力或力矩的要求。

2. 压力控制回路的分类：_____回路、_____回路、_____回路、_____回路、_____回路和_____回路。

二、选择题

会用到减压回路的情况有（　　　）。

A. 机床工件的夹紧　　　　　B. 导轨润滑　　　　　C. 液压系统的控制油路

三、简答题

如何保证减压回路的工作可靠性？

任务2 速度控制回路连接

任务目标

1. 使学生了解常见的速度控制回路，识别各元件并掌握元件在系统中的作用。
2. 了解液压传动中速度控制的基本知识。

任务要求

1. 各小组接受任务后讨论并制订完成任务的实施计划。
2. 能识读简单的速度控制回路图。
3. 了解速度控制回路的动作要求。
4. 清楚整个系统采用的液压元件的名称、数量。
5. 掌握速度控制回路的连接及操作过程，明确控制方式。
6. 整理任务实施报告。

注意事项

1. 各组任务目标必须明确一致。
2. 熟记液压回路安全操作规程，严禁违章作业。
3. 熟记各种液压工具的使用方法。
4. 熟练识别速度控制回路中的器件。
5. 接线触头连接牢固，无松动感。
6. 打开定量泵前必须经指导教师同意，并在指导教师监护下进行。
7. 要安全文明操作。
8. 操作完毕，要对现场进行彻底清理，收齐工具。

实施流程

序号	工作内容	教师活动	学生活动
1	布置任务	下达任务书,组织小组讨论学习	接受任务,明确工作内容
2	知识准备	讲解速度控制回路	明确速度控制回路的分类
		分别讲解常见速度控制回路的工作原理	熟悉液压元件,掌握管道连接方法,明确回路工作原理
		分别讲解速度控制回路典型回路的工作过程	掌握基本执行元件的名称符号及典型结构,熟悉元件的动作过程
		讲解安全操作的重要意义	熟记安全操作规程
3	实践操作	现场讲解速度控制回路的构成及运动特点,演示速度控制回路图的画法,组织学生分组连接操作,并巡视指导	识别主要元件
		按照线路图连接线路,明确操作过程	书写实际操作过程
4	考核评价		

知识准备

在液压传动系统中，调速是为了满足执行元件对工作速度的要求，调速回路不仅对系统的工作性能起着决定性的影响，而且对其他基本回路的选择也起着决定性的作用，因此在液压系统中占有极其重要的地位。

微课名称：
液压速度
控制回路

一、调速回路

调速回路是用来调节执行元件运动速度的回路。由液压系统执行元件速度的表达式可知：

液压缸的速度为

$$v = \frac{q}{A} \tag{6-1}$$

液压马达的转速为

$$n = \frac{q}{v_{\mathrm{M}}} \tag{6-2}$$

所以，改变输入液压缸和液压马达的流量 q，或者改变液压缸有效面积 A 和液压马达的每转排量 v_{M} 都可以达到调速的目的。对于液压缸来说，在工作中要改变液压缸的面积 A 来调速是困难的，一般都采用改变流量 q 的办法来调速。但对于液压马达，既可改变输入马达的流量 q，也能改变液压马达的排量 v_{M} 来实现调速。而改变输入流量可以采用流量阀或采用变量泵来调节。

根据以上分析，液压系统的调速方法可以有以下三种：

1）节流调速：采用定量泵供油，由流量阀调节进入执行元件的流量来实现调节执行元件运动速度的方法。

2）容积调速：采用变量泵来改变流量或改变液压马达的排量来实现调节执行元件运动速度的方法。

3）容积节流调速：采用变量泵和流量阀相配合的调速方法，又称联合调速。

1. 节流调速回路

节流调速回路的优点是结构简单可靠、成本低、使用维修方便，因此在机床液压系统中得到广泛应用。但这种调速方法的效率较低，因为定量泵的流量是一定的，而液压缸所需要的流量是随工作速度的快慢而变化，多余的油液通常是通过溢流阀流回油箱，因此总有一部分能量被损失掉。此外，油液通过流量阀时也要产生能量损失，这些损失转变为热量使油液发热，影响系统工作的稳定性等。所以节流调速回路一般适用于小功率系统，如机床的进给系统等。节流调速回路又可分为进油节流调速回路、回油节流调速回路和旁路节流调速回路三种。

（1）进油节流调速回路　将流量阀装在执行元件的进油路上称为进油节流调速，如图6-16所示。用定量泵供油，节流阀串接在液压泵的出口处，并联一个溢流阀。在进油节流调速回路中，泵的压力由溢流阀调定后，基本上保持恒定不变，调节节流阀阀口的大小，便能控制进入液压缸的流量，从而达到调速的目的，定量泵输出的多余油液经溢流阀排回油箱。

（2）回油节流调速回路　将流量阀装在执行元件的回油路上称为回油节流调速回路，如图 6-17 所示，节流阀串接在液压缸与油箱之间。回油路上的节流阀控制液压缸回油的流量，也可间接控制进入液压缸的流量，所以同样能达到调速的目的。

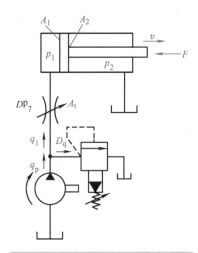

图 6-16　节流阀进油节流调速回路

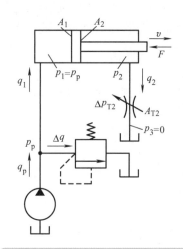

图 6-17　节流阀回油节流调速回路

两种调速回路其不同之处是：

1）承受负载的能力不同：回油节流调速回路的节流阀使液压缸的回油腔形成一定的背压（$p_2 \neq 0$），因而能承受负载（负载是与活塞运动方向相同的负载），并提高了液压缸的速度平稳性。而进油节流调速回路则要在回油路上设置背压阀后，才能承受负载，但是需要提高调定压力，功率损失大。

2）实现压力控制的难易程度不同：进油节流调速回路容易实现压力控制。当工作部件在行程终点碰到死挡铁后，缸的进油腔压力会上升到等于泵的供油压力，利用这个压力变化，可使并联于此处的压力继电器发出信号，实现对系统的动作控制。回油节流调速时，液压缸进油腔压力没有变化，难以实现压力控制。虽然工作部件碰到死挡铁后，缸的回油腔压力下降为零，可利用这个变化值使压力继电器失压复位，对系统的下一步动作实现控制，但可靠性差，一般不采用。

3）调速性能不同：若回路使用单杆缸，无杆腔进油流量大于有杆腔回油流量。故在缸径、缸速相同的情况下，进油节流调速回路的节流阀开口较大，低速时不易堵塞。因此，进油节流调速回路能获得更低的稳定速度。

4）停车后的启动性能不同：长期停车后液压缸内的油液会流回油箱，当液压泵重新向液压缸供油时，在回油节流阀调速回路中，由于进油路上没有节流阀控制流量，活塞会出现前冲现象；而在进油节流阀调速回路中，活塞前冲很小，甚至没有前冲。

为了提高回路的综合性能，一般常采用进油节流阀调速，并在回油路上加背压阀，使其兼有二者的优点。

2. 旁路节流调速回路

如图 6-18 所示，这种回路把节流阀接在与执行元件并联的旁油路上。定量泵输出的流量一部分通过节流阀溢回油箱，一部分进入液压缸，使活塞获得一定的运动速度。通过调节

节流阀的通流面积 A_T，就可调节进入液压缸的流量，即可实现调速。溢流阀作为安全阀用，正常工作时关闭，过载时才打开，其调定压力为最大工作压力的 $1.1 \sim 1.2$ 倍。在工作过程中，定量泵的压力随负载而变化。

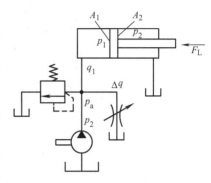

图 6-18　旁路节流调速回路

当节流阀通流面积一定而负载增加时，速度下降较前两种回路更快，即特性很软，速度稳定性很差；在重载高速时，速度刚度较好，这与前两种回路恰好相反。其最大承载能力随节流口的增加而减小，即旁路节流调速回路的低速承载能力很差，调速范围也小。

这种回路只有节流损失而无溢流损失；泵压随负载的变化而变化，节流损失和输入功率也随负载的变化而变化。因此，本回路比前两种回路效率高。

由于本回路的速度—负载特性很软，低速承载能力差，故其应用比前两种回路少，只用于高速、重载、对速度平稳性要求不高的较大功率的系统，如牛头刨床主运动系统、输送机械液压系统等。

二、容积调速回路

节流调速回路的主要缺点是效率低、发热大，故只适用于对发热量限制不大的小功率系统中。采用变量泵或变量马达来调速的容积调速回路，能使泵的输油量全部进入执行机构。这种回路没有溢流损失和节流损失，因此效率高，发热小，适用于大功率的液压系统。

根据油路的循环方式不同，容积调速回路除了设计成一般的开式回路外，还可设计成闭式回路。

在开式回路中，液压泵向液压缸供油，进入执行元件的油液在反向时将排回油箱。开式回路较简单，油液在油箱中可以得到很好的冷却并使杂质沉淀。但油箱体积大，空气也容易侵入系统，致使工作部件运动不平稳。

在闭式回路中，从执行元件排出的油液，直接流入泵的吸油口，这种形式结构紧凑，减少了空气侵入的可能性。为了补偿泄漏以及由于进油腔和回油腔的面积不等所引起的流量差，通常在闭式回路中要设置补油装置。

根据液压泵和液压马达（或液压缸）的组合不同，容积调速回路有三种形式：变量泵和定量液压马达（或液压缸）组成的调速回路；定量泵和变量液压马达组成的调速回路；变量泵和变量液压马达组成的调速回路。

下面分析三种容积调速回路的调速方法和特性。

1. 变量泵和定量液压马达（或液压缸）组成的容积调速回路

图 6-19 为变量泵和液压缸组成的开式容积调速回路，这种调速回路是采用改变变量泵的输出流量来调速的。工作时，溢流阀关闭，作为安全阀用。图 6-20 为变量泵和定量马达组成的闭式容积调速回路。在图 6-20 的闭式回路中，泵 1 是补油用的辅助泵，它的流量为变量泵最大输出流量的 $10\% \sim 15\%$。辅助泵供油压力由溢流阀 2 调定，使变量泵的吸油口有一较低的压力，这样可以避免产生空穴，防止空气侵入，改善了泵的吸油性能。当溢流阀 3

关闭，作为安全阀用，以防止系统过载。

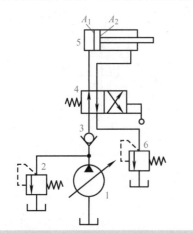

图 6-19 变量泵—液压缸式开式容积调速回路

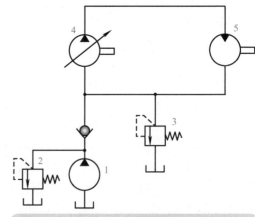

图 6-20 变量泵—定量马达闭式容积调速回路

在上述回路中，泵的输出流量全部进入液压缸（或液压马达），在不考虑泄漏影响时，液压缸活塞的运动速度为

$$v = \frac{q_P}{A_1} = \frac{V_P n_P}{A_1} \qquad (6\text{-}3)$$

液压马达的转速为

$$n_M = \frac{q_P}{V_M} = \frac{V_P n_P}{V_M} \qquad (6\text{-}4)$$

式中　q_P——变量泵的流量；

　V_P、V_M——变量泵和液压马达的排量；

　n_P、n_M——变量泵和液压马达的转速；

　A_1——液压缸的有效工作面积。

这种回路有以下特性：

1）调节变量泵的排量 V_P 便可控制液压缸（或液压马达）的速度，由于变量泵能将流量调得很小，故可以获得较低的工作速度，因此调速范围较大。

2）若不计系统损失，从液压马达的转矩公式 $T = \frac{p_P V_M}{2\pi}$ 和液压缸的推力公式 $F = p_P A_1$ 来看，其中 p_P 为变量泵的压力，由安全阀限定；另外，液压马达排量 V_M 和液压缸面积 A_1 均固定不变。因此在用变量泵的调速系统中，液压马达（液压缸）能输出的转矩（推力）不变，故这种调速称为恒扭矩（恒推力）调速。

3）若不计系统损失，液压缸（液压马达）的输出功率 P_M 等于液压泵的功率 P_P，即 $P_M = P_P = p_P V_P n_P = p_P V_M n_M$。式中，泵的压力 p_P、马达的排量 V_M 为常量，因此回路的输出功率是随液压马达的转速 n_M（V_P）的改变呈线性变化。

2. 定量泵和变量液压马达组成的容积调速回路

定量泵—变量马达式容积调速回路及其工作特性曲线如图 6-21 所示。定量泵的输出流量不变，调节变量液压马达的排量 q_M，便可改变其转速。

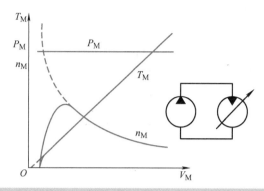

图 6-21　定量泵—变量马达式容积调速回路及其工作特性曲线

这种回路具有以下特性：

1）根据 $n_M = \dfrac{q_P}{V_M}$ 可知，液压马达输出转速 n_M 与排量 V_M 成反比，调节 V_M 即可改变液压马达的转速 n_M，但 V_M 不能调得过小（这时输出转矩将减小，甚至不能带动负载），故限制了转速的提高。这种调速回路的调速范围较小。

2）液压马达的转矩公式为 $T_M = \dfrac{p_P V_M}{2\pi}$，式中 p_P 为定量泵的限定压力，若减小变量马达的排量 V_M，则液压马达的输出转矩 T_M 将减小。由于 V_M 与 n_M 成反比，当 n_M 增大时，转矩 T_M 将逐渐减小，故这种回路的输出转矩为变值。

3）定量泵的输出流量 q_P 是不变的，液压泵的供油压力 p_P 由安全阀限定。若不计系统损失，则液压马达输出功率 $P_M = P_P = p_P q_P$，即液压马达的输出最大功率不变。故这种调速称为恒功率调速。

这种调速回路能适应机床主运动所要求的恒功率调速的特点，但调速范围小。同时，若用液压马达来换向，要经过排量很小的区域，这时候转速很高，反向易出故障。因此，这种调速回路目前较少单独应用。

3. 变量泵和变量液压马达组成的容积调速回路

在采用变量泵和变量液压马达组成的调速回路中，液压马达的转速可以通过改变变量泵

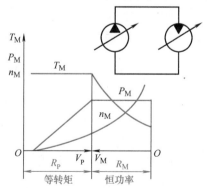

图 6-22　变量泵—变量马达容积调速回路及其工作特性

排量 V_P 或改变液压马达的排量 V_M 来进行调节，因此扩大了回路的调速范围，也扩大了液压马达的转矩和功率输出特性的可选择性。

这种回路的调速特性曲线是恒转矩调速和恒功率调速的组合，如图 6-22 所示。由于许多设备在低速时要求有较大的转矩，在高速时又希望输出功率能基本不变，所以当变量液压马达的输出转速 n_M 由低向高调节时，分为两个阶段：

第一阶段，应先将变量液压马达的排量 V_M 固定在最大值，然后调节变量泵的排量 V_P 使其流量 q_P 逐渐增加，变量液压马达的转速便从最小值 n_{Mmin} 逐渐升高到 n'_M，此阶段属于恒转矩调速，其调速范围为 $R_P = \dfrac{n'_M}{n_{Mmin}}$。

第二阶段，将变量泵的排量 V_P 固定在最大值，然后调节变量液压马达，使它的排量 V_M 由最大逐渐减小，变量液压马达的转速自 n_{Mmin} 到 n'_M 处逐渐升高，直至达到其允许最高转速 n_{Mmin} 处为止。此阶段属于恒功率调速，它的调速范围为 $R_M = \dfrac{n_{Mmax}}{n'_M}$。

因此，回路总的调速范围为 $R = R_P R_M = \dfrac{n_{Mmax}}{n_{Mmin}}$，其值可达 100 以上。这种回路的调速范围大，并且有较大的工作效率，适用于机床主运动等大功率液压系统中。

在容积调速回路中，泵的工作压力是随负载而变化的，而液压泵和执行元件的泄漏量随着工作压力的增加而增加，由于泄漏的影响，使液压马达的转速随着负载的增加而有所下降。

三、速度换接回路

速度换接回路的功用是使液压执行元件在一个工作循环中，从一种运动速度换成另一种运动速度，有快速—慢速、慢速—慢速的换接，这种回路应该具有较高的换接平稳性和换接精度。

1. 快速、慢速换接回路

图 6-23 为采用行程阀实现的速度换接回路。该回路可使执行元件完成"快进—工进—快退—停止"这一自动工作循环。在图示位置，电磁换向阀 2 处在右位，液压缸 7 快进。此时，溢流阀处于关闭状态。当活塞所连接的液压挡块压下行程阀 6 时，行程阀上位工作，液压缸右腔的油液只能经过节流阀 5 回油，构成回油节流调速回路，活塞运动速度转变为慢速工进，此时，溢流阀处于溢流恒压状态。当电磁换向阀 2 通电处于左位时，压力油经单向阀 4 进入液压缸右腔，液压缸左腔的油液直接流回油箱，活塞快速退回。这种回路的快速与慢速的换接过程比较平稳，换接点的位置比较准确。缺点是行程阀必须安装在装备上，管路连接较复杂。

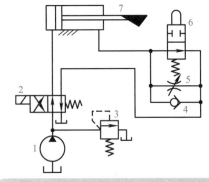

图 6-23　采用行程阀实现的速度换接回路

若将行程阀改为电磁换向阀，则安装比较方便，除行程开关需装在机械设备上，其他液压元件可集中安装在液压站中，但速度换接时平稳性以及换向精度较差。

2. 两种慢速的换接回路

某些机床要求工作行程有两种进给速度，一般第一进给速度大于第二进给速度，为实现两次工作进给速度，常用两个调速阀串联或并联在油路中，用换向阀进行切换。

（1）两个调速阀并联式速度换接回路 图 6-24 为两个调速阀并联实现两种工作进给速度的换接回路。液压泵输出的压力油经三位电磁换向阀 D 左位、调速阀 A 和电磁换向阀 C 进入液压缸，液压缸得到由阀 A 所控制的第一种工作速度。当需要第二种工作速度时，电磁换向阀 C 通电切换，使调速阀 B 接入回路，压力油经阀 B 和阀 C 的右位进入液压缸，这时活塞就得到阀 B 所控制的工作速度。这种回路中，调速阀 A、B 各自独立调节流量，互不影响，一个工作时，另一个没有油液通过。没有工作的调速阀中的减压阀开口处于最大位置。阀 C 换向后由于减压阀瞬时来不及响应，会使调速阀瞬时通过过大的流量，造成执行元件出现突然前冲的现象，使速度换接不平稳。

（2）两个调速阀串联式速度换接回路 图 6-25 为两个调速阀串联的速度换接回路。在图示位置，压力油经电磁换向阀 D、调速阀 A 和电磁换向阀 C 进入液压缸，执行元件的运动速度由调速阀 A 控制。当电磁换向阀 C 通电切换时，调速阀 B 接入回路，由于阀 B 的开口量调得比阀 A 小，压力油经电磁换向阀 D、调速阀 A 和调速阀 B 进入液压缸，执行元件的运动速度由调速阀 B 控制。这种回路在调速阀 B 没起作用之前，调速阀 A 一直处于工作状态，在速度换接的瞬间，它可限制进入调速阀 B 的流量突然增加，所以速度换接比较平稳。但由于油液经过两个调速阀，因此这种回路的能量损失比两个调速阀并联时大。

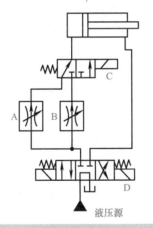

图 6-24 调速阀并联式速度换接回路

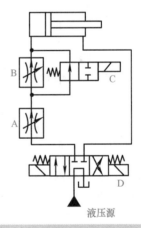

图 6-25 调速阀串联式速度换接回路

四、快速运动回路

快速运动回路的功用在于使执行元件获得尽可能大的工作速度，以提高系统的工作效率。常见的快速运动回路有以下几种。

1. 液压缸差动连接的快速运动回路

图 6-26 所示，当换向阀处于图示位置时，液压缸有杆腔的回油和液压泵供给的油液合在一起进入液压缸无杆腔，使活塞快速向右运动。这种回路结构简单，应用较多，但液压缸

的速度加快得有限，差动连接与非差动连接的速度之比为 $V_1'/V_1 = \dfrac{A_1}{(A_1-A_2)}$，有时仍不能满足快速运动的要求，常常需要和其他方式联合使用。在差动连接回路中，泵的流量和液压缸有杆腔排出的流量合在一起流过的阀和管路应按合成流量来选择其规格，否则压力损失过大，导致系统快速运动时，泵的供油压力升高。

2. 采用蓄能器的快速运动回路

图 6-27 所示为采用蓄能器的快速运动回路。对某些间歇工作且停留时间较长的液压设备，如冶金机械，对某些工作速度存在快、慢两种速度的液压设备，如组合机床，常采用蓄能器和定量泵共同组成的油源。其中定量泵可选较小的流量规格，在系统不需要流量或工作速度很低时，泵的全部流量或大部分流量进入蓄能器储存待用，在系统工作或要求快速运动时，由泵和蓄能器同时向系统供油。

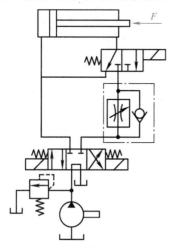

图 6-26 液压缸差动连接快速运动回路

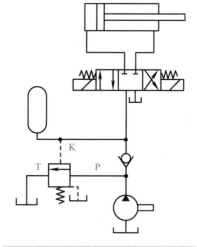

图 6-27 采用蓄能器的快速运动回路

3. 采用双泵供油系统的快速运动回路

图 6-28 所示为采用双泵供油系统的快速运动回路。

低压大流量泵 1 和高压小流量泵 2 组成的双联泵向系统供油，外控顺序阀 3（卸荷阀）和溢流阀 5 分别设定双泵供油和小流量泵 2 供油时系统的工作压力。系统压力低于卸荷阀 3 的调定压力时，两个泵同时向系统供油，活塞快速向右运动；当系统压力达到或超过卸荷阀 3 的调定压力，大流量泵 1 通过溢流阀 3 卸荷，单向阀 4 自动关闭，只有小流量泵 2 向系统供油，活塞慢速向右运动。卸荷阀 3 的调定压力应高

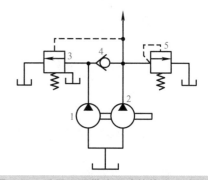

图 6-28 采用双泵供油系统的快速运动回路

于快速运动时的系统压力，而低于慢速运动时的系统压力，至少比溢流阀 5 的调定压力低 10%~20%，大流量泵 1 卸荷减少了功率损耗，回路效率较高，常用于执行元件快进和工进速度相差较大的场合。

实践操作

铜线装载平台是连铸连轧生产线中，将生产好的铜线顺利装载到运输车上的一种装置，它由驱动系统、控制系统、检测装置和执行机构等部分组成，通过液压传动，可实现自动升降、左右旋转运动。执行机构包括液压缸驱动的夹紧机构、升降机构和液压马达驱动的旋转机构。

铜线装载平台液压系统中，伸缩液压缸的控制方式可以简化为图 6-29 所示，下面我们就此节流调速回路进行识读练习。

一、原理图的识读与元件的选择

1. 识读进油口节流调速回路图

识别速度控制回路中的液压元件，写出进油口节流调速回路操作过程，如图 6-29 所示。

1）通过实验深入了解进、出油口节流调速系统调速原理，以巩固课堂讲述的内容。

2）掌握系统性能实验方法。

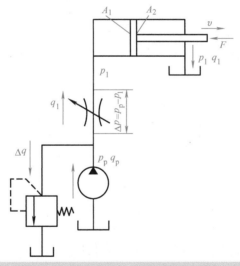

图 6-29 铜线装载平台液压系统中伸缩液压缸节流调速回路简化图

3）培养学生分析问题、解决问题的能力和动手实践能力。

4）了解所用测量设备和测量装置的工作原理，掌握其使用方法。

5）写出操作过程。

2. 选择元件及耗材

根据识别液压元件实践操作的要求，列出识别操作所需要的元件及耗材清单，见表 6-4。

表 6-4 元件及耗材清单

名　　称	型号及要求	数　　量
液压泵		1
溢流阀		3
测压元件		2

（续）

名　　称	型号及要求	数　　量
单作用液压缸		2
液压实验台		1
节流阀		2
调速阀		2

二、液压元件的识别

1）对照调速回路简化图，分析液压回路，识别液压元件。

识别操作任务分配：五人一组，设安全组长。班级设安全总负责人（由班级安全员担任），本项目学习完成后由组长上交制作的作品。

2）制订进油口节流调速回路中各元件识别方法的计划，学会节流阀的识别，其他内容可自行设定。

3）确定元件的识别方式，识别液压元件，并填入表6-5（表格可增加）。

表 6-5　记录表

液压元件型号	名称	规格	用途	备注

小贴士

1）安全文明操作，没有熟练掌握前不得私自使用工具。

2）注意操作中的人身安全。

3）注意操作时的工具使用安全。

4）操作过程中，不允许打闹。

考核评价

实训任务完成后，进行考核与评价。具体评分细则见表6-6。

表 6-6　进油口节流调速回路连接评价标准

项目内容	评分标准	配分	自评	组评	教师评价
出勤情况	按时上课、下课，不迟到、不早退	10分			
识图与作图	1. 会识读调速回路图，正确说明每部分回路的工作原理 2. 会正确画出调速回路图	15分			

（续）

项目内容	评分标准	配分	自评	组评	教师评价
调速回路 液压元件识别	1. 进油口节流调速回路液压元件的识别 2. 液压元件在回路中的作用	20分			
速度换接回路 中元件的识别 及连接	1. 节流阀的识别 2. 操作过程的说明 3. 连接软管的牢固程度	25分			
安全文明 生产	1. 注意安全、文明生产、爱护公物 2. 团队合作，和谐共进	10分			
工时	按照规定时间，鼓励节省工时	10分			
报告及总结	实训报告完整、工整	10分			
合　　计					

巩固与提高

一、填空题

1. 液压系统的调速方法有_____、_____、_____三种。

2. 根据液压泵和液压马达（或液压缸）的组合不同，容积调速回路有三种形式：_____调速回路；_____调速回路；_____调速回路。

二、选择题

常见的快速运动回路有（　　　）。

A. 差动连接的快速运动回路　　　　B. 双泵供油的快速运动回路

C. 采用蓄能器的快速运动回路　　　D. 增速缸式快速运动回路

三、简答题

说明节流调速回路、容积调速回路、容积节流调速回路在调速范围中的差别。

任务3　方向控制回路连接

任务目标

1. 使学生了解常见的方向控制回路，识别各元件并掌握元件在系统中的作用。

2. 了解液压传动中方向控制的基本知识。

任务要求

1. 各小组接受任务后讨论并制订完成任务的实施计划。

2. 能识读简单的方向控制回路图。

3. 了解方向控制回路的动作要求。

4. 清楚整个系统采用的液压元件的名称、数量。

5. 掌握方向控制回路的连接及操作过程，明确控制方式。

6. 整理任务实施报告。

注意事项

1. 各组任务目标必须明确一致。
2. 熟记液压回路安全操作规程，严禁违章作业。
3. 熟记各种液压工具的使用方法。
4. 熟练识别方向控制回路中的元件。
5. 接线触头连接牢固，无松动感。
6. 打开定量泵前必须经指导教师同意，并在指导教师监护下进行。
7. 要安全文明操作。
8. 操作完毕，要对现场进行彻底清理，收齐工具。

实施流程

序号	工作内容	教师活动	学生活动
1	布置任务	下达任务书,组织小组讨论学习	接受任务,明确工作内容
2	知识准备	讲解方向控制回路	明确方向控制回路的分类
		分别讲解常见方向控制回路的工作原理	熟悉液压元件,掌握管道连接方法,明确回路工作原理
		分别讲解方向控制回路典型回路的工作过程	掌握基本执行元件的名称符号及典型结构,熟悉执行元件的动作过程
		讲解安全操作的重要意义	熟记安全操作规程
3	实践操作	现场讲解方向控制回路的构成及运动特点,演示换向回路图的画法,组织学生分组连接操作,并巡视指导	识别主要元件
		按照油路图连接回路,明确操作过程	书写实际操作过程
4	考核评价		

知识准备

　　方向控制回路的作用是利用各种方向控制阀来控制液压系统中各油路油液的通、断及变向，实现执行元件的启动、停止或改变运动方向。常用的方向控制回路有换向回路、锁紧回路和制动回路等。

微课名称：
液压方向
控制回路

一、换向回路

　　换向回路的作用是变换执行元件的运动方向。系统对换向回路的基本要求是：换向可靠、灵敏、平稳，换向精度合适。执行元件的换向过程一般包括执行元件的制动、停留和启动三个阶段。

1. 简单换向回路

　　下面以生产生活中常见的升降机（图6-30）为例，介绍简单的换向回路。

　　升降机由以下4大部分组成：行走机构、液压机构、电动控制机构和支撑机构。液压油经过叶片泵形成一定的压力，经滤油器、单向阀、隔爆型电磁换向阀、单向节流阀进入液压缸下端，使液压缸的活塞向上运动，提升重物，其额定压力通过溢流阀进行调整，通过压力表观察读数值。

其工作原理是液压提升设备控制两缸的运动方向，如图 6-31 所示。如要使工作台上升，则电磁换向阀 10 置右位，齿轮泵 7 排出的液压油经过单向阀 3、调速阀 2 向液压缸 1 的无杆腔中供油，工作台上升。如要使工作台下降，则通过电控或手动使换向阀 10 置左位，使液压缸 1 无杆腔中的液压油经过调速阀 2、电磁换向阀 10 和节流阀 9 流回油箱中，工作台下降。

在实际工程实施前有必要对液压同步提升设备进行模拟实验，包括：同步提升液压缸、液压泵站、千斤顶等加载实验和耐压实验以及传感检测系统。

图 6-30　升降机

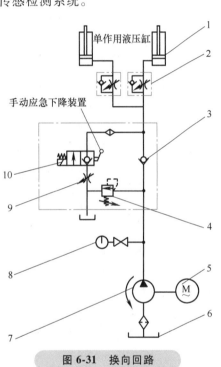

图 6-31　换向回路

1—单作用液压缸　2—调速阀　3—单向阀　4—溢流阀　5—电动机
6—油箱　7—齿轮泵　8—压力表　9—节流阀　10—电磁换向阀

2. 复杂换向回路

当需要频繁、连续自动做往复运动，并对换向过程有很多附加要求时，则需采用复杂的连续换向回路。

对于换向要求高的主机（如各类磨床），若用手动换向阀就不能实现自动往复运动。采用机动换向阀，利用工作台上的行程挡块推动连接在换向阀杆上的拨杆来实现自动换向，但当工作台慢速运动、换向阀移至中间位置时，工作台会因失去动力而停止运动，出现"换向死点"，不能实现自动换向；当工作台高速运动时，又会因换向阀芯移动过快而引起换向冲击。若采用电磁换向阀由行程挡块推动行程开关发出换向信号，使电磁阀动作推动换向，可避免"死点"，但电磁换向阀动作一般较快，存在换向冲击，而且电磁阀还有换向频率不高、寿命低、易出故障等缺陷。为了解决上述矛盾，采用特殊设计的机动换向阀，以行程挡块推动机动先导阀，由它控制一个可调式液动换向阀来实现工作台的换向，既可避免"换向死点"，又可消除换向冲击。这种换向回路，按换向要求不同分为时间控制制动式和行程控制制动式。

（1）时间控制制动式连续换向回路　如图6-32所示，这种回路的主油路只受液动换向阀3控制。在换向过程中，当先导阀2在左端位置时，控制油路中的压力油经单向阀I_2通向换向阀3右端，换向阀左端的油经节流阀J_1流回油箱，换向阀芯向左移动，阀芯上的制动锥面逐渐关小回油通道，活塞速度逐渐减慢，并在换向阀3的阀芯移过l距离后将通道关闭，使活塞停止运动。换向阀阀芯上的制动锥半锥角一般取$\alpha = 1.5° \sim 3.5°$，在换向要求不高的地方还可以取大一些。制动锥长度可根据实验确定，一般取$l = 3 \sim 12\text{mm}$。当节流阀J_1和J_2的开口大小调定之后，换向阀阀芯移过距离l所需的时间（即活塞制动所经历的时间）也就确定不变，这里不考虑油液黏度变化的影响。因此，这种制动方式称为时间控制制动式。

这种换向回路的主要优点是：其制动时间可根据主机部件运动速度的快慢、惯性的大小，通过节流阀J_1和J_2进行调节，以便降低换向冲击，提高工作效率；换向阀中位机能采用H型，对减小冲击量和提高换向平稳性都有利。其主要缺点是：换向过程中的冲击量受运动部件的速度和其他一些因素的影响，换向精度不高。这种换向回路主要用于工作部件运动速度较高，要求换向平稳、无冲击，但换向精度要求不高的场合，如用于平面磨床、插床、拉床和刨床液压系统中。

（2）行程控制制动式连续换向回路　如图6-33所示，主油路除受液动换向阀3控制外，还受先导阀2控制。当先导阀2阀芯向左移动时，阀芯的右制动锥将液压缸右腔的回油通道逐渐关小，使活塞速度逐渐减慢，对活塞进行预制动。当回油通道被关得很小（轴向开口量留$0.2 \sim 0.5\text{mm}$），活塞速度变得很慢时，换向阀3的控制油路才开始切换，换向阀芯向左移动，切断主油路通道，使活塞停止运动，并随即使它在相反的方向起动。不论运动部件原来的速度快慢如何，先导阀总是要先移动一段固定的行程l，将工作部件先进行预制动后，再由换向阀使它换向。因此，这种制动方式称为行程控制制动式。先导阀制动锥半锥角一般取$\alpha = 1.5° \sim 3.5°$，长度$l = 5 \sim 12\text{mm}$，合理选择制动锥度能使制动平稳。换向阀上没有必要采用较长的制动锥，一般制动锥长度只有2mm，半锥角也较大，$\alpha = 5°$。

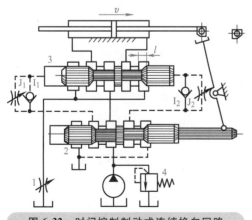

图6-32　时间控制制动式连续换向回路

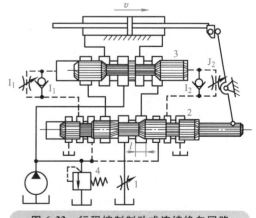

图6-33　行程控制制动式连续换向回路

这种换向回路的换向精度较高，冲出量较小；但由于先导阀的制动行程恒定不变，制动时间的长短和换向冲击的大小将受运动部件速度的影响。这种换向回路主要用在主机工作部件运动速度不大，但换向精度要求较高的场合，如内、外圆磨床的液压系统中。

二、锁紧回路

锁紧回路的功能是通过切断执行元件的进油、出油通道使它停在任意位置，并防止停止运动后由外界因素引发窜动。使液压缸锁紧的最简单方法是利用三位换向阀的 O 型或 M 型中位机能来封闭缸的两腔，使活塞在行程范围内任意位置停止。由于滑阀的泄漏，不能长时间保持停止位置不动，所以锁紧精度不高。最常用的方法是采用液控单向阀作锁紧元件。

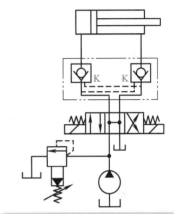

图 6-34 为用液控单向阀构成的锁紧回路。在液压缸的两油路上串接液控单向阀，它能在液压缸不工作时，使活塞在两个方向的任意位置上迅速、平稳、可靠且长时间地锁紧。其锁紧精度主要取决于液压缸的泄漏量，而液控单向阀本身的密封性很好。两个液控单向阀做成一体时，称为双向液压锁。

图6-34　液控单向阀构成的锁紧回路

采用液控单向阀锁紧的回路，必须注意换向阀中位机能的选择。如图 6-34 所示，采用 H 型机能，换向阀中位时能使两控制油口 K 直接通油箱，液控单向阀立即关闭，活塞停止运动。如采用 O 型或 M 型中位机能，活塞运动途中换向阀处于中位时，由于液控单向阀控制腔的压力油被封住，液控单向阀不能立即关闭，直到控制腔的压力油卸压后，才能关闭，因而影响其锁紧的位置精度。

这种回路广泛应用于工程机械、起重运输机械等有较高锁紧要求的场合。

三、制动回路

在用液压马达做执行元件的场合，利用制动器锁紧可解决因执行元件内泄漏影响锁紧精度的问题，达到安全可靠的锁紧目的。为防止突然断电发生事故，制动器一般都采用弹簧上闸制动、液压松闸的结构。如图 6-35 所示，有三种制动器回路连接方式。

在图 6-35a 中，制动液压缸 4 为单作用缸，它与起升液压马达 3 的进油路相连接。当系统有压力油时，制动器松开；当系统无压力油时，制动器在弹簧力作用下上闸锁紧。起升回路需放在串联油路的末端，即起升马达的回油直接通回油箱。若将该回路置于其他回路之前，则当其他回路工作而起升回路不工作时，起升马达的制动器也会被打开而容易发生事故。制动回路中单向节流阀的作用是：制动时快速，松闸时滞后，以防止开始起升时，负载因松闸过快而造成负载先下滑、再上升的现象。

在图 6-35b 中，制动液压缸为双作用缸，其两腔分别与起升马达的进、出油路相连接。起升马达在串联油路中的布置不受限制，因为只有在起升马达工作时，制动器才会松闸。

在图 6-35c 中，制动液压缸通过梭阀 1 与起升马达的进出油路相连接。当起升马达工作时，不论是负载起升或下降，压力油都会经梭阀与制动器液压缸相通，使制动器松闸。为了使起升马达不工作时制动器液压缸的油与油箱相通而使制动器上闸锁紧，回路中的换向阀必须选用 H 型中位机能的换向阀。因此，制动回路也必须置于串联油路的末端。

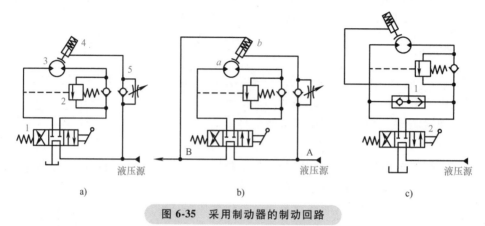

a)　　　　　　　　　　　b)　　　　　　　　　　　c)

图 6-35　采用制动器的制动回路

a）单作用制动液压缸　b）双作用制动液压缸　c）制动液压缸通过梭阀与马达的进、出油路连通

实践操作

陶瓷砂轮是机械制造中磨削加工所要用到的重要工具，而砂轮卸模机是制造陶瓷砂轮的重要设备，主要由摊料机构、小车机构和顶升机构三大部分组成。砂轮卸模机的主要工作过程也是由液压系统来控制的。

在砂轮卸模机液压系统中，控制运送加工原料的小车机构的液压系统简化图如图 6-36 所示。下面就此换向回路进行识读练习。

一、原理图的识读与元件的选择

1. 识读卸模机原料运送换向回路图

识别换向回路中的液压元件，写出换向回路操作过程，如图 6-36 所示。

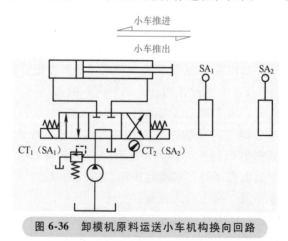

图 6-36　卸模机原料运送小车机构换向回路

1）通过自己拼装，了解换向回路的组成和特点。

2）通过其工作过程，深入理解回路的工作原理，巩固课堂讲述内容。

3）对操作过程中遇到的问题进行自我分析、自我检验，培养分析问题、解决问题的能力。

4）写出操作过程。

2. 选择元件及耗材

根据识别液压元件实践操作的要求，列出识别操作所需要的元件及耗材清单，见表6-7。

表6-7　元件及耗材清单

名　　称	型号及要求	数　　量
液压泵		1
液压缸		1
溢流阀		1
电磁三位四通阀		1
连接软管		若干

二、液压元件的识别

1）对照换向回路图，分析液压回路，识别液压元件。

识别操作任务分配：五人一组，设安全组长。班级设安全总负责人（由班级安全员担任），本项目学习完成后由组长上交制作的作品。

2）制订换向回路中各元件识别方法的计划，需包含电磁三位四通阀的识别、液压缸的选择、液压泵的选择这三个模块，其他内容可自行设定。

3）确定元件的识别方式，识别液压元件，并填入表6-8（表格可增加）。

表6-8　记录表

液压元件型号	名称	规格	用途	备注

小贴士

1）安全文明操作，没有熟练掌握前不得私自使用工具。

2）注意操作中的人身安全。

3）注意操作时的工具使用安全。

4）操作过程中，不允许打闹。

考核评价

实训任务完成后，进行考核与评价。具体评分细则见表6-9。

表 6-9 换向回路连接评价标准

项目内容	评分标准	配分	自评	组评	教师评价
出勤情况	按时上课、下课,不迟到、不早退	10分			
识图与作图	1. 会识读换向回路图,能正确说明每部分回路的工作原理 2. 会正确画出液压换向回路图	15分			
方向控制回路液压元件的识别	1. 方向控制回路液压元件的识别 2. 液压元件在回路中的作用	20分			
换向回路中液压元件的识别及连接	1. 电磁三位四通阀的识别 2. 液压缸的选择 3. 液压泵的选择 4. 操作过程说明 5. 连接软管的牢固程度	25分			
安全文明生产	1. 注意安全、文明生产、爱护公物 2. 团队合作,和谐共进	10分			
工时	按照规定时间,鼓励节省工时	10分			
报告及总结	实训报告完整、工整	10分			
合　　计					

巩固与提高

一、填空题

1. 方向控制回路的作用是利用各种方向控制阀来控制液压系统中各油路油液的_____、_____及_____,实现执行元件的_____、_____或_____。

2. 常用的方向控制回路有_____、_____和_____等。

二、选择题

系统对换向回路的基本要求是（　　　　）。

A. 换向可靠　　　　　B. 灵敏　　　　　C. 平稳　　　　　D. 换向精度合适

三、简答题

1. 换向油路中溢流阀起什么作用?

2. 换向阀的工位与电磁铁的关系如何?

任务4　多执行元件方向控制回路连接

任务目标

1. 使学生了解常见的多执行元件方向控制回路,识别各执行元件并了解元件在系统中的作用。

2. 了解液压传动中,多执行元件方向控制的基本知识。

任务要求

1. 各小组接受任务后讨论并制订完成任务的实施计划。
2. 能识读简单的多执行元件方向控制回路图。
3. 了解多执行元件方向控制回路的动作要求。
4. 清楚整个系统采用的液压元件的名称、数量。
5. 掌握多执行元件方向控制回路的连接及操作过程，明确控制方式。
6. 整理任务实施报告。

注意事项

1. 各组任务目标必须明确一致。
2. 熟记液压回路安全操作规程，严禁违章作业。
3. 熟记各种液压工具的使用方法。
4. 熟练识别多执行元件方向控制回路中的执行元件。
5. 接线触头连接牢固，无松动感。
6. 打开定量泵前必须经指导教师同意，并在指导教师监护下进行。
7. 安全文明操作。
8. 操作完毕，要对现场进行彻底清理，收齐工具。

实施流程

序号	工作内容	教师活动	学生活动
1	布置任务	下达任务书,组织小组讨论学习	接受任务,明确工作内容
2	知识准备	讲解多执行元件方向控制回路	明确多执行元件方向控制回路的分类
		分别讲解常见多执行元件方向控制回路的工作原理	熟悉液压元件,掌握回路连接方法,明确回路工作原理
		分别讲解多执行元件方向控制回路典型回路的工作过程	掌握基本执行元件的名称符号及典型结构,熟悉执行元件的动作过程
		讲解安全操作的重要意义	熟记安全操作规程
3	实践操作	现场讲解多执行元件方向控制回路的构成及运动特点,演示多执行元件方向控制回路的画法,组织学生分组连接操作,并巡视指导	识别主要元件
		按照线路图连接线路,明确操作过程	书写实际操作过程
4	考核评价		

知识准备

微课名称：
多执行元件方向控制回路

在液压系统中，用一个液压源向多个执行元件（液压缸或液压马达）提供液压油，并能按各执行元件之间的运动关系要求进行控制，完成规定动作顺序的回路，称为多执行元件控制回路。

一、顺序动作回路

顺序动作回路的功用是保证各执行元件严格按照给定的动作顺序运动，按控制方式可分为行程控制式、压力控制式和时间控制式三种。

1. 行程控制式顺序动作回路

（1）用行程阀的行程控制顺序动作回路　如图 6-37 所示，在图示状态下，A、B 两缸的活塞均在右端。当推动手柄，使阀 C 左位工作，缸 A 左行，完成动作①；挡块压下行程阀 D 后，缸 B 左行，完成动作②；手动换向阀 C 复位后，缸 A 先复位，完成动作③；随着挡块后移，阀 D 复位后，缸 B 退回实现动作④，完成一个工作循环。

（2）用行程开关的行程控制顺序动作回路　如图 6-38 所示，当阀 C 通电换向时，缸 A 左行完成动作①；缸 A 触动行程开关 S_1，使阀 D 通电换向，控制缸 B 左行完成动作②；当缸 B 左行至触动行程开关 S_2，使阀 C 断电时，缸 A 返回，实现动作③；缸 A 触动 S_3，使阀 D 断电，缸 B 完成动作④；缸 B 触动开关 S_4，使泵卸荷或引起其他动作，完成一个工作循环。

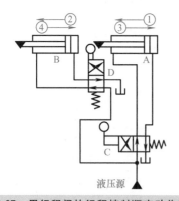

图 6-37　用行程阀的行程控制顺序动作回路

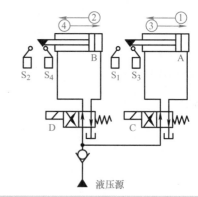

图 6-38　用行程开关的行程控制顺序动作回路

2. 压力控制式顺序动作回路

（1）采用顺序阀的压力控制顺序动作回路　如图 6-39 所示，图中液压缸 A 可看做夹紧液压缸，液压缸 B 可看做钻孔液压缸，它们按①→②→③→④的顺序动作。在当三位换向阀切换到左位工作，并且顺序阀 D 的调定压力大于缸 A 的最大前进工作压力时，压力油先进入缸 A 的无杆腔，回油则经单向顺序阀 C 的单向阀、换向阀左位流回油箱，缸 A 向右运动，实现动作①（夹紧工件）。当工件夹紧后，缸 A 活塞不再运动，油液压力升高，打开顺序阀 D 进入液压缸 B 的无杆腔，回油直接流回油箱，缸 B 向右运动，实现动作②（进行钻孔）；三位换向阀切换到右位工作、且顺序阀 C 的调定压力大于液压缸 B 的最大返回工作压力时，两液压缸按③和④的顺序返回，完成退刀和松开夹具的动作。

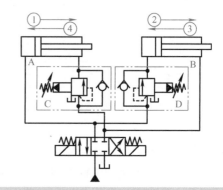

图 6-39　采用顺序阀的压力控制顺序动作回路

这种顺序动作回路的可靠性主要取决于顺序阀的性能及其压力的调定值。为保证动作顺序可靠，顺序阀的调定压力应比先动作的液压缸的最高工作压力高出 $0.8 \sim 1\text{MPa}$，以避免系统压力波动造成顺序阀产生误动作。

（2）采用压力继电器的压力控制顺序动作回路　图 6-40 为使用压力继电器的压力控制顺序动作回路。当电磁铁 1YA 通电时，压力油进入液压缸 A 左腔，实现运动①。液压缸 A 的活塞运动到预定位置，碰上死挡铁后，回路压力升高。压力继电器 1DP 发出信号，控制电磁铁 3YA 通电。此时压力油进入液压缸 B 左腔，实现运动②。液压缸 B 的活塞运动到预定位置时，控制电磁铁 3YA 断电，4YA 通电，压力油进入液压缸 B 的右腔，

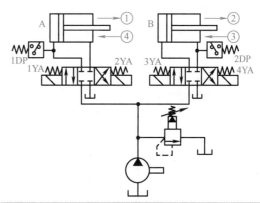

图 6-40　采用压力继电器的压力控制顺序动作回路

使缸 B 活塞向左退回，实现运动③。当它到达终点后，回路压力又升高，压力继电器 2DP 发出信号，使电磁铁 1YA 断电，2YA 通电，压力油进入液压缸 A 的右腔，推动活塞向左退回，实现运动④。如此，完成①→②→③→④的动作循环。当运动④到终点时，压下行程开关，使 2YA、4YA 断电，所有运动停止。在这种顺序动作回路中，为了防止压力继电器误发信号，压力继电器的调整压力也应比先动作的液压缸的最高动作压力高 $0.3 \sim 0.5\text{MPa}$。为了避免压力继电器失灵造成动作失误，往往采用压力继电器配合行程开关构成"与门"控制电路，要求压力达到调定值，同时行程也到达终点才进入下一个顺序动作。表 6-10 列出了图 6-40 回路中各电磁铁顺序动作，其中"+"表示电磁铁通电；"-"表示电磁铁断电。

表 6-10　电磁铁动作顺序表

元件 动作	1YA	2YA	3YA	4YA	1DP	2DP
①	+	-	-	-	-	-
②	+	-	+	-	+	-
③	+	-	-	+	-	-
④	-	+	-	+	-	+
复位	-	-	-	-	-	-

3. 时间控制式顺序动作回路

这种回路是利用延时元件（如延时阀、时间继电器等）使多个缸按时间完成先后动作的回路。

图 6-41 所示为用延时阀来实现液压缸 3 和 4 工作行程的顺序动作回路。当阀 1 电磁铁通电，左位接入回路后，缸 3 实现动作①。同时压力油进入延时阀 2 中的节流阀 B，推动液动阀 A 缓慢左移，延续一定时间后，接通油路 a、b，油液才进入缸 4，实现动作②。通过调节节流阀开度，可以调节缸 3 和缸 4 先后动作的时间差。当阀 1 电磁铁断电时，压力油同时进

入缸 3 和缸 4 右腔，使两缸返向，实现动作③。由于通过节流阀的流量受负载和温度的影响，所以延时不准确，一般要与行程控制方式配合使用。

二、同步回路

同步回路的功用是使系统中多个执行元件克服负载、摩擦阻力、制造质量和结构变形上的差异，而保证在运动上的同步。同步运动分为速度同步和位置同步两类，速度同步指各执行元件的运动速度相等，而位置同步指各执行元件在运动中或停止时都保持相同的位移量。严格做到每瞬间速度同步，也就能保持位置同步。实际上，同步回路多数采用速度同步。

1. 用流量阀控制阀的同步回路

（1）用调速阀的同步回路　图 6-42 为采用并联调速阀的同步回路。液压缸 5、6 并联，调速阀 1、3 分别串联在两液压缸的回油路上（也可安装在进油路上）。

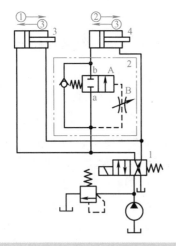

图 6-41　用延时阀的时间控制顺序动作回路

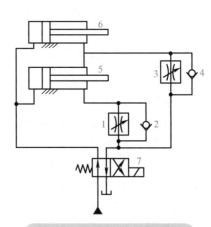

图 6-42　用调速阀的同步回路

两个调速阀分别调节两液压缸活塞的运动速度。由于调速阀具有当外负载变化时仍然能够保持流量稳定这一特点，所以只要仔细调整两个调速阀开口的大小，就能使两个液压缸保持同步。换向阀 7 处于右位时，压力油可通过单向阀 2、4 使两液压缸的活塞快速退回。这种同步回路的优点是结构简单，易于实现多缸同步，同步速度可以调整，而且调整好的速度不会因负载变化而变化，但是这种同步回路只是单方向的速度同步，同步精度也不理想，效率低，且调整比较麻烦。

（2）用分流集流阀控制的同步回路　图 6-43 是采用分流集流阀控制的速度同步回路。这种同步回路较好地解决了同步效果不能调整或不易调

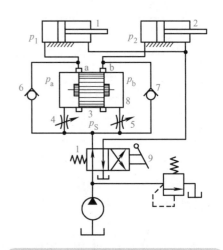

图 6-43　用分流集流阀控制的同步回路

整的问题。图中，液压缸 1、2 的有效工作面积相同。分流阀入口处有两个尺寸相同的固定节流器 4 和 5，分流阀的出口 a 和 b 分别接在两个液压缸的入口处，固定节流器与油源连接，

分流阀阀体内并联了单向阀 6 和 7。阀口 a 和 b 是调节压力的可变节流口。

当二位四通换向阀 9 处于左位时，压力为 p_S 的压力油经过固定节流器，再经过分流阀上的 a 和 b 两个可变节流口，进入液压缸 1 和 2 的无杆腔，两缸的活塞向右运动。当作用在两缸的负载相等时，分流阀 8 的平衡阀芯 3 处于某一平衡位置不动，阀芯两端压力相等，即 $p_a = p_b$，固定节流器上的压力降保持相等，油液进入液压缸 1 和 2 的流量相等，所以液压缸 1、2 以相同的速度向右运动。如果液压缸 1 上的负载增大，分流阀左端的压力 p_a 上升，阀芯 3 右移，a 口加大，b 口减小，使压力 p_a 下降，p_b 上升，直到达到一个新的平衡位置时，再次达到 $p_a = p_b$，阀芯不再运动，此时固定节流器 4、5 上的压力降保持相等，液压缸速度仍然相等，保持速度同步。当换向阀 9 复位时，液压缸 1 和 2 活塞反向运动，回油经单向阀 6 和 7 排回油箱。

分流集流阀只能实现速度同步。若某液压缸先到达行程终点，则可经阀内节流孔窜油，使各缸都能到达终点，从而消除积累误差。分流集流阀的同步回路简单、经济、纠偏能力大、同步精度可达 1%～3%，但分流集流阀的压力损失大、效率低，不适用于低压系统，而且其流量范围较窄。当流量低于阀的公称流量过多时，分流精度会显著降低。

2. 用同步缸和同步马达的容积式同步回路

容积式同步回路是将两相等容积的油液分配到尺寸相同的两执行元件，实现两执行元件的同步。这种回路允许较大偏载，由偏载造成的压差不影响流量变化，而只有因油液压缩和泄漏造成的微量偏差，因而同步精度高，系统效率高。

图 6-44 所示为采用同步液压马达（分流器）的同步回路。两个等排量的双向马达同轴刚性连接做配流装置（分流器），它们输出相同流量的油液分别送入两个有效工作面积相同的液压缸中，实现两缸同步运动。图中与液压马达并联的节流阀 5 用于修正同步误差。本回路常用于重载、大功率同步系统。

图 6-45 所示为采用同步缸的同步回路。同步缸 3 由两个尺寸相同的双杆缸连接而成，当同步缸的活塞左移时，油腔 a 与 b 中的油液使缸 1 与缸 2 同步上升。若缸 1 的活塞先到达终点，则油腔 a 的余油经单向阀 4 和安全阀 5 排回油箱，油腔 b 的油继续进入缸 2 下腔，使之到达终点。同理，若缸 2 的活塞先到达终点，也可使缸 1 的活塞相继到达终点。

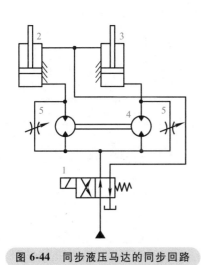

图 6-44 同步液压马达的同步回路　　**图 6-45 同步缸的同步回路**

这种同步回路的同步精度取决于液压缸的加工精度和密封性，一般可达到 1% ~ 2%。由于同步缸一般不宜做得过大，所以这种回路仅适用于小容量的场合。

3. 用串联液压缸的同步回路

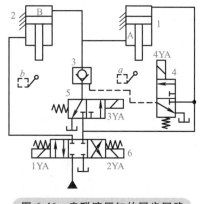

图 6-46　串联液压缸的同步回路

如图 6-46 所示，缸 1 的有杆腔 A 的有效面积与缸 2 的无杆腔 B 的面积相等，因此从 A 腔排出的油液进入 B 腔后，两液压缸便同步下降。由于执行元件的制造误差、内泄漏以及气体混入等因素的影响，在多次行程后，将使同步失调累积为显著的位置上的差异。为此，回路中设有补偿措施，使同步误差在每一次下行运动中都得到消除。

其补偿原理是：当三位四通换向阀 6 右位工作时，两液压缸活塞同时下行，若缸 1 活塞先下行到终点，将触动行程开关 a，使阀 5 的电磁铁 3YA 通电，阀 5 处于右位，压力油经阀 5 和液控单向阀 3 向液压缸 2 的 B 腔补油，推动缸 2 活塞继续下行到终点。反之，若缸 2 活塞先运动到终点，则触动行程开关 b，使阀 4 的电磁铁 4YA 通电，阀 4 处于上位，控制压力油经阀 4，打开液控单向阀 3，缸 1 下腔油液经液控单向阀 3 及阀 5 回油箱，使缸 1 活塞继续下行至终点。这样两缸活塞位置上的误差即被消除。这种同步回路结构简单、效率高，但需要提高泵的供油压力，一般只适用于负载较小的液压系统中。

4. 用电液比例调速阀或电液伺服阀的同步回路

如图 6-47 所示，回路中使用一个普通调速阀和一个电液比例调速阀（它们各自装在由单向阀组成的桥式节流油路中），分别控制着液压缸 3 和 4 的运动，当两活塞出现位置误差时，检测装置就会发出信号，调节比例调速阀的开度，实现同步。

如图 6-48 所示，伺服阀 6 根据两个位移传感器 3 和 4 的反馈信号持续不断地控制其阀口的开度，使通过的流量与通过换向阀 2 的流量相同，使两缸同步运动。此回路可使两缸活塞任意时刻的位置误差都不超过 0.2mm，但因伺服阀必须通过与换向阀同样大的流量，因此规格尺寸大，价格贵。此回路适用于两缸相距较远而同步精度要求很高的场合。

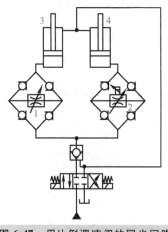

图 6-47　用比例调速阀的同步回路

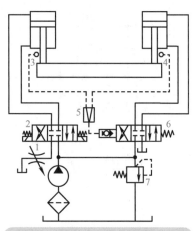

图 6-48　用电液伺服阀的同步回路

三、多缸互不干涉回路

这种回路的功能是使系统中几个液压执行元件在完成各自工作循环时，彼此互不影响。在图6-49所示回路中，液压缸11、12分别要完成快速前进、工作进给和快速退回的自动工作循环。液压泵1为高压小流量泵，液压泵2为低压大流量泵，它们的压力分别由溢流阀3和4调节（调定压力 $p_{y3} > p_{y4}$）。开始工作时，电磁换向阀9、10的电磁铁1YA、2YA同时通电，泵2输出的压力油经单向阀6、8进入液压缸11、12的左腔，使两缸活塞快速向右运动。这时如果某缸（例如缸11）的活塞先到达要求位置，其挡铁压下行程阀15，缸11右腔的工作压力上升，单向阀6关闭，泵1提供的油液经调速阀5进入缸11，液压缸的运动速度下降，转换为工作进给，液压缸12仍可以继续快速前进。当两缸都转换为工作进给后，可使泵2卸荷（图中未表示卸荷方式），仅泵1向两缸供油。如果某缸（例如缸11）先完成工作进给，其挡铁压下行程开关16，使电磁线圈1YA断电，此时泵2输出的油液可经单向阀6、电磁阀9和单向阀13进入缸11右腔，使活塞快速向左退回（双泵供油），缸12仍单独由泵1供油继续进行工作进给，不受缸11运动的影响。

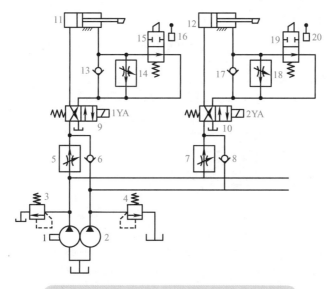

图 6-49 双泵供油的多缸快慢速互不干扰回路

在这个回路中，调速阀5、7调节的流量大于调速阀14、18调节的流量，这样两缸工作进给的速度分别由调速阀14、18决定。实际上，这种回路由于快速运动和慢速运动各由一个液压泵分别供油，所以能够达到两缸的快慢运动互不干扰。

实践操作

在机械加工制造行业中，车削加工无疑是不可或缺的重要一环。车床作为主要用车刀对旋转工件进行车削加工的机床，大到国防军工领域，小至民生用品领域，都少不了车床的参与，应用范围十分广泛，因此车床也被称为"机器之母"。普通车床作为车床中最基础、应用最早、最广泛的切削加工设备，曾在机械加工行业中占有十分重要的地位。时至今日，普通车床仍占有相当比例，其中部分车床采用液压系统来控制刀具的自动切削加工。

　　液压控制普通车床完成一个完整的切削加工过程（一个循环）有 8 个工作阶段（图 6-50），即装件夹紧→横快进→横工进→纵工进→横快退→纵快退→卸下工件→原位停止。各阶段的切换分别由行程开关 $SQ_1 \sim SQ_7$ 控制，行程开关主要用于液压系统中控制电磁换向阀通断电，并通过 PLC 控制，改变液压油流向，控制液压缸的动作顺序，以完成切削过程。

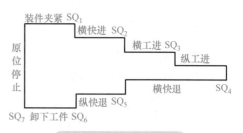

图 6-50　车床工作循环

　　普通车床液压系统原理如图 6-51 所示。下面就此原理图进行识读练习。

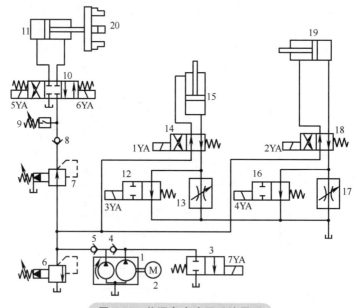

图 6-51　普通车床液压系统原理

1—双联泵　2—电动机　3、12、16—二位二通电磁换向阀　4、5、8—单向阀
6—先导式溢流阀　7—先导式减压阀　9—压力继电器　10—三位四通电磁换向阀　11—夹紧缸
13、17—调速阀　14、18—二位四通电磁换向阀　15—横进缸　19—纵进缸　20—夹头

一、识读车床液压系统原理图

　　识别车床液压系统原理图中的液压元件，写出液压系统工作过程。

　　1）依据现有的普通车床实训设备，通过识读与实践操作，分析车床液压系统的工作过程，并完成表 6-11。

表 6-11　普通车床液压系统动作状态

工作阶段		电磁铁状态						
序号	阶段	1YA	2YA	3YA	4YA	5YA	6YA	7YA
1	装件夹紧							
2	横快进							
3	横工进							

（续）

工作阶段		电磁铁状态						
序号	阶段	1YA	2YA	3YA	4YA	5YA	6YA	7YA
4	纵工进							
5	横快退							
6	纵快退							
7	卸下工件							
8	原位停止							

2）通过观察其工作过程，深入理解回路的工作原理，巩固课堂讲述内容。

3）对操作过程中遇到的问题进行自我分析和自我检验，培养分析问题和解决问题的能力。

4）写出操作过程。

二、汇总元件及其他材料

1）对照车床液压系统图，分析液压回路，识别液压元件。

任务分配：五人一组，设安全组长。班级设安全总负责人（由班级安全员担任）。

2）制订车床液压系统回路中各元件识别方法的计划，必须包含液压缸的选择、液压泵的选择、电磁阀的选择三个模块，其他内容可自行设定。

3）确定元件的识别方式，识别液压元件，并填写表6-12。

表6-12　元件汇总

名称	型号及要求	数量
液压泵		
液压缸		
单向阀		
电磁换向阀		
溢流阀		
减压阀		
压力继电器		
调速阀		
连接软管		若干

小贴士

1）安全文明操作，没有熟练掌握前不得私自使用工具。

2）注意操作中的人身安全。

3）注意操作时的工具使用安全。

4）操作过程中，不允许打闹。

考核评价

实训任务完成后，进行考核与评价。具体评分细则见表6-13。

表 6-13　串联液压缸的同步回路连接评价标准

项目内容	评分标准	配分	自评	组评	教师评价
出勤情况	按时上课、下课、不迟到、不早退	10 分			
识图与作图	1. 会识读串联液压缸的同步回路图,能正确说明每部分线路的工作原理 2. 会正确画出串联液压缸的同步回路图	15 分			
简单的多执行元件方向控制回路液压元件的识别	1. 串联液压缸同步回路中液压元件的识别 2. 液压元件在回路中的作用	20 分			
多执行元件方向控制回路中液压元件的识别及连接	1. 电磁阀的选择 2. 液压缸的选择 3. 液压泵的选择 4. 操作过程的说明 5. 连接软管的牢固程度	25 分			
安全文明生产	1. 注意安全、文明生产、爱护公物 2. 团队合作,和谐共进	10 分			
工时	按照规定时间,鼓励节省工时	10 分			
报告及总结	实训报告完整、工整	10 分			
合　　计					

巩固与提高

一、填空题

多执行元件控制回路,是指在液压系统中,用_____个油源向_____个执行元件（液压缸或液压马达）提供液压油,并能按各执行元件之间的_____要求进行控制,完成规定_____的回路。

二、选择题

顺序动作回路的功用是保证各执行元件严格地按照给定的动作顺序运动,按控制方式可分为（　　）。

A. 行程控制式　　　　B. 压力控制式　　　　C. 时间控制式

三、简答题

同步回路的功用是什么?

7

项目7 气动回路连接与控制

项目描述

在气压传动系统中的控制元件是控制和调节压缩空气的压力、流量、流动方向和发送信号的重要元件，利用它们可以组成各种气动控制回路，使气动执行元件按设计的程序正常地进行工作。控制元件按功能和用途可分为方向控制阀、压力控制阀和流量控制阀三大类。此外，还有通过改变气流方向和通断实现各种逻辑功能的气动逻辑元件等。

项目目标

根据原理图连接实物。

素质目标

1. 锻炼学生实践操作能力，解决实际问题的能力。

2. 培养学生的创新思维，能够从不同角度思考和解决问题，能够运用想象力和创造力，提出新的想法和解决方案。

液压传动系统在工业生产中有着重要的地位，而气压传动系统同样如此。我国气动工业的发展走过了一段很不平凡的道路，有自己的特点：起步较晚，未赶上国家投资建设期，底子弱；但其发展的速度比较快，大体经历了创建、壮大和发展三个阶段。1967年，我国才开始发展气动工业。当时不足百人的上海红光机械厂为我国第一家气动元件厂。经过研究人员的共同努力、刻苦钻研，终于在不到3年的时间内，完成了共计14个品种40个规格的气动元件的研制，从此结束了我国没有气动元件的历史。至1980年已经形成了南起上海、北至长春、东到烟台、西达重庆的30多家气动企业的布局。截至2010年，全国约有900家气动企业，总产值110亿元，位居世界第二。从1982年全国气动工业产值约4820万元，到2010年的55亿元，仅隔28年。我们应用"产学研结合"的"举国体制"，自主开发产品，凭借自力更生、艰苦奋斗的精神，成就了中国气动工业的发展。

下面就开始学习气压传动相关知识。

任务1 压力控制回路连接

任务目标

1. 使学生了解常见的压力控制回路，识别各元件并掌握元件在系统中的作用。
2. 了解气压传动中，压力控制的基本知识。

任务要求

1. 各小组接受任务后讨论并制订完成任务的实施计划。
2. 能识读简单的压力控制回路图。
3. 了解压力控制回路的动作要求。
4. 清楚整个系统采用的气动元件的名称、数量。
5. 掌握压力控制回路简单线路连接及操作过程，明确控制方式。
6. 整理任务实施报告。

注意事项

1. 各组任务目标必须明确一致。
2. 熟记气动回路安全操作规程，严禁违章作业。
3. 熟记各种气动工具的使用方法。
4. 熟练识别气动控制回路中的元件。
5. 接线触头连接牢固，无松动感。
6. 打开气泵前必须经指导教师同意，并在指导教师监护下进行。
7. 要安全文明操作。
8. 操作完毕，要对现场进行彻底清理，收齐工具。

实施流程

序号	工作内容	教师活动	学生活动
1	布置任务	下达任务书,组织小组讨论学习	接受任务,明确工作内容
2	知识准备	讲解气源装置组成	明确气源装置的组成
		讲解气动辅件	熟悉气动辅件,掌握管道连接方法
		讲解压力控制回路需要用到的气动执行元件	掌握基本执行元件的名称符号及典型结构,熟悉元件的动作过程
		讲解安全操作的重要意义	熟记安全操作规程
3	实践操作	现场讲解压力控制回路中高低压转换回路的构成及运动特点,演示高低压转换回路图的画法,组织学生分组连接操作,并巡视指导	识别主要元件
		按照线路图连接线路,明确操作过程	书写实际操作过程
4	考核评价		

知识准备

一、气动系统的组成

气压传动是以压缩机为动力源、压缩空气作为工作介质，来进行能量传递和控制的一种传动形式。将各种元件组成不同功能的基本控制回路再经过有机组合，就构成一个完整的气压传动系统。气压传动是实现各种生产控制、自动控制的重要手段之一。

气压传动系统一般由四部分组成，即气源装置、气动执行元件、气动控制元件和辅助元件。下面以图7-1所示的胀管机工作原理示意图为例，说明其组成和工作原理，该系统主要用于铜管管端挤压胀形。

1. 气源装置

气源装置是将原动机的机械能转化为气体的压力能的装置。气源装置的主体是空气压缩机（真空泵压缩机、空压机），还配有储气罐、气源净化处理装置等。在图7-1中，空气压缩机2由电动机带动旋转，从大气中吸入空气，空气经压缩机压缩后，通过气源净化处理装置（图中未画出）冷却、分离（将压缩空气中凝聚的水分、油分等杂质分离出去），送到储气罐3及系统，在此过程中，空气压缩机将电动机旋转的机械能转化为压缩空气的压力能，实现了能量转换。

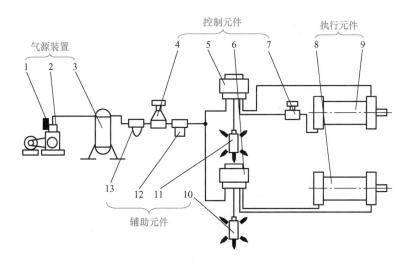

图7-1　胀管机工作原理示意图

1—安全阀　2—空气压缩机　3—储气罐　4—减压阀　5、6—换向阀　7—流量控制阀
8、9—气缸　10、11—消声器　12—油雾器　13—过滤器

使用气动设备较多的厂矿企业常将气源装置集中在压气站（俗称空压站）内，由压气站再统一向用气点（车间和用气设备等）分配、供应压缩空气。

2. 气动执行元件

气动执行元件是将压缩空气的压力能转化为机械能的装置，它包括气缸、气马达、真空吸盘，真空吸盘用于以真空压力为动力源的系统。在图7-1中，输入到气缸8、9的是压缩空气的压力能，由气缸转换成输出往复直线运动的机械能，驱动模具合模、开模和对管端进行胀形。

3. 气动控制元件

气动控制元件用来调节和控制压缩空气的压力、流量和流动方向的元件，以保证执行元件按要求的程序和性能工作。气动控制元件的种类繁多，除了普通的压力控制阀、流量控制阀和方向控制阀这三大类外，还包括各种逻辑元件和射流元件。在图 7-1 中，输入到气缸中的压缩空气的压力大小可根据负载的大小由减压阀 4 调节；气缸 9 活塞杆的伸出速度可通过流量控制阀 7 进行调节；气缸 8、9 的往复运动方向分别由换向阀 6 和流量控制阀 7 进行控制；整个系统的最高压力由安全阀 1 限定。

4. 气动辅助元件

辅助元件指用来解决元件内部润滑、消除噪声、实现元件间的连接以及信号转换、显示、放大、检测等所需的各种气动元件，如过滤器、油雾器、消声器、各种管件及接头、气液转换器、气动显示器、气动传感器等。在图 7-1 中，过滤器 13 用于过滤、去除杂质；油雾器 12 用于使润滑油雾化并注入到气流中，对润滑部位润滑；消声器 10、11 用于降低排气噪声。

二、气源装置

气源装置为气动系统提供满足一定质量要求的压缩空气，是气动系统的重要组成部分。

1. 气动系统对压缩空气的主要要求

压缩空气具有一定压力和流量，并具有一定的净化程度。

2. 气源装置组成

①气压发生装置：空气压缩机；②净化、贮存压缩空气的装置和设备；③管道系统；④气动三大件。

3. 气压发生装置

空气压缩机将机械能转化为气体的压力能，供气动机械使用。

（1）空气压缩机的分类　它分为容积型和速度型空气压缩机。常用往复式容积型压缩机。一般空压机为中压，额定排气压力 1MPa；低压空压机排气压力 0.2MPa；高压空压机排气压力 10MPa。

（2）空气压缩机的选用原则　其依据是气动系统所需要的工作压力和流量两个参数。

空压机输出流量

$$q_{Vn} = (q_{Vn0} + q_{Vn1})/(0.7 \sim 0.8)$$

式中　q_{Vn0}——配管等处的泄漏量；

q_{Vn1}——工作元件的总流量。

4. 压缩空气的净化装置和设备

（1）气动系统对压缩空气质量的要求　压缩空气要具有一定压力和足够的流量，具有一定的净化程度。不同的气动元件对杂质颗粒的大小有具体的要求。

1）混入压缩空气中的油分、水分、灰尘等杂质会产生不良影响。

2）一方面混入压缩空气的油蒸汽可能聚集在储气罐、管道等处形成易燃物，有引起爆炸的危险；另一方面润滑油被汽化后会形成一种有机酸，对金属设备有腐蚀生锈的影响，影响设备使用寿命。

3）混在压缩空气中的杂质沉积在元件的通道内，减小了通道面积，增加了管道阻力，严重时会产生阻塞，使气体压力信号不能正常传递，使系统工作不稳定甚至失灵。

4）压缩空气中含有的饱和水分，在一定条件下会凝结成水并聚集在个别管段内，凝结的水分会使管道及附件结冰而损坏，影响气动装置正常工作。

5）压缩空气中的灰尘等杂质对运动部件会产生研磨作用，使这些元件因漏气而降低效率，影响它们的使用寿命。

因此，必须要设置除油、除水、除尘装置，并设置提高压缩空气质量、进行气源净化处理的辅助设备。

（2）压缩空气净化设备 一般包括后冷却器、油水分离器、储气罐、干燥器。

1）后冷却器将空气压缩机排出的具有 140~170℃ 的压缩空气降至 40~50℃，压缩空气中的油雾和水气也凝析出来。冷却方式有水冷和气冷两种。

2）油水分离器主要利用回转离心、撞击、水浴等方法使水滴、油滴及其他杂质颗粒从压缩空气中分离出来。

3）储气罐的主要作用是储存一定数量的压缩空气，减少气流脉动，减弱气流脉动引起的管道振动，进一步分离压缩空气的水分和油分。

4）干燥器的作用是进一步除去压缩空气中含有的水分、油分、颗粒杂质等，使压缩空气干燥，用于对气源质量要求较高的气动装置、气动仪表等，主要采用吸附、离心、机械降水及冷冻等方法。

5. 气动三大件

气动三大件包括分水过滤器、油雾器、减压阀，如图 7-2 所示，气动三大件是压缩空气质量的最后保证。

（1）分水过滤器 其作用是除去空气中的灰尘、杂质，并将空气中的水分分离出来。

原理：回转离心、撞击。

性能指标：过滤度、水分离率、滤灰效率、流量特性。

图 7-2 分水过滤器和油雾器

（2）油雾器 特殊的注油装置。

原理：当压缩空气流过时，它将润滑油喷射成雾状，随压缩空气流入需要的润滑部件，达到润滑的目的。

性能指标：流量特性、起雾油量。

（3）减压阀 它起减压和稳压作用。

气动三大件的安装连接次序是：分水过滤器、减压阀、油雾器。多数情况下，三件组合使用，也可以少于三件，只用一件或两件。

三、气动辅助元件

1. 消声器

气缸、气阀等工作时排气速度较高，气体体积急剧膨胀，会产生刺耳的噪声。噪声的强弱随排气的速度、排气量和空气通道的形状而变化。排气的速度和功率越大，噪声也越大，一般可达 100~120dB，为了降低噪声在排气口要装设消声器。消声器是通过阻尼或增加排气面积来降低排气的速度和功率，从而降低噪声。消声器的类型分为：吸收型、膨胀干涉型、膨胀干涉吸收型消声器。

2. 管道连接件

管道连接件包括管子和各种管接头。管子可分为硬管和软管。一些固定不动的、不需要经常装拆的地方使用硬管；连接运动部件、希望装拆方便的管路用软管。常用的是紫铜管和尼龙管。

管接头分为卡套式、扩口螺纹式、卡箍式、插入快换式管接头等。

四、气动执行元件和气动控制元件

气动执行元件是一种能量转换装置，它是将压缩空气的压力能转化为机械能，驱动机构实现直线往复运动、摆动、旋转运动或冲击动作。气动执行元件分为气缸和气马达两大类。气缸用于提供直线往复运动或摆动，输出力和直线速度或摆动角位移。气马达用于提供连续回转运动，输出转矩和转速。

气动控制元件用来调节压缩空气的流量和方向等，以保证执行机构按规定的程序正常进行工作。气动控制元件按功能可分为压力控制阀、流量控制阀和方向控制阀。

1. 气缸的典型结构和工作原理

以气动系统中最常使用的单活塞杆双作用气缸为例，气缸结构如图 7-3 所示。它由缸筒、活塞、活塞杆、前端盖、后端盖及密封件等组成。双作用气缸内部被活塞分成两个腔，有活塞杆腔称为有杆腔，无活塞杆腔称为无杆腔。

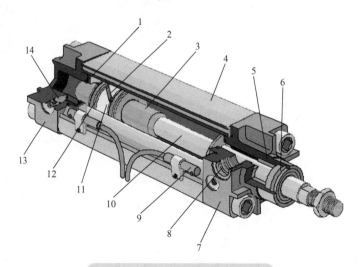

图 7-3 单活塞杆双作用气缸结构

1、3—缓冲柱塞　2—活塞　4—缸筒　5—导向套　6—防尘圈　7—前端盖　8—气口
9—传感器　10—活塞杆　11—耐磨环　12—密封圈　13—后端盖　14—缓冲节流阀

当从无杆腔输入压缩空气时，有杆腔排气，气缸两腔的压力差作用在活塞上所形成的力克服阻力负载推动活塞运动，使活塞杆伸出；当有杆腔进气，无杆腔排气时，使活塞杆缩回。若有杆腔和无杆腔交替进气和排气，活塞实现往复直线运动。

2. 气缸的分类

气缸的种类很多，分类的方法也不同，一般按气缸的结构特征、功能、驱动方式或安装方法等进行分类。按结构特征来分，气缸主要分为活塞式气缸和膜片式气缸两种。按运动形式分为直线运动气缸和摆动气缸两类。

3. 气缸的安装形式

1）固定式气缸：气缸安装在机体上固定不动，有脚座式和法兰式。

2）轴销式气缸：缸体围绕固定轴可做一定角度的摆动，有U形钩式和耳轴式。

3）回转式气缸：缸体固定在机床主轴上，可随机床主轴做高速旋转运动。这种气缸常用于机床气动卡盘中，以实现工件的自动装夹。

4）嵌入式气缸：气缸缸筒直接制作在夹具体内。

4. 普通气缸

普通气缸包括单作用和双作用气缸，常用于无特殊要求的场合。图7-4为常用的单杆双作用普通气缸的基本结构，气缸一般由缸筒、前后缸盖、活塞、活塞杆、密封件和紧固件等零件组成。

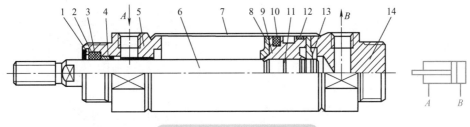

图 7-4　单杆双作用普通气缸

1、13—弹簧挡圈　2—防尘圈压板　3—防尘圈　4—导向套　5—有杆侧缸盖　6—活塞杆　7—缸筒
8—缓冲垫　9—活塞　10、11—密封圈　12—耐磨环　14—无杆侧缸盖

缸筒7与前后缸盖固定连接。有活塞杆侧的缸盖5为前缸盖，无杆侧缸盖14为后缸盖。在缸盖上开有进排气通口，有的还设有气缓冲机构。前缸盖上设有密封防尘圈3，同时还设有导向套4，以提高气缸的导向精度。活塞杆6与活塞9紧固相连。活塞上除有密封圈10、11防止活塞左右两腔相互漏气外，还有耐磨环12以提高气缸的导向性；带磁性开关的气缸活塞上装有磁环。活塞两侧常装有橡胶垫作为缓冲垫8。如果是气缓冲，则活塞两侧沿轴线方向设有缓冲柱塞，同时缸盖上有缓冲节流阀和缓冲套，当气缸运动到端头时，缓冲柱塞进入缓冲套，气缸排气需经缓冲节流阀，排气阻力增加，产生排气背压，形成缓冲气垫以起到缓冲作用。

五、气动压力控制阀

气动系统不同于液压系统，一般每一个液压系统都自带液压源（液压泵）；而在气动系统中，一般来说由空气压缩机先将空气压缩，储存在储气罐内，然后经管路输送给各个气动装置使用。而储气罐的空气压力往往比各台设备实际所需要的压力高些，同时其压力波动值也较大。因此需要用减压阀（调压阀）将其压力减到每台装置所需的压力，并使减压后的压力稳定在所需压力值上。

有些气动回路需要依靠回路中压力的变化来控制两个执行元件的顺序动作，所用的阀就是顺序阀。顺序阀与单向阀的组合称为单向顺序阀。

所有的气动回路或储气罐为了安全起见，当压力超过允许压力值时，需要实现自动向外排气，这种压力控制阀称为安全阀（溢流阀）。

1. 减压阀（调压阀）

图 7-5 是 QTY 型直动式减压阀结构图。其工作原理是：当阀处于工作状态时，调节手柄 1、压缩弹簧 2、3 及膜片 5，通过阀杆 6 使阀芯 8 下移，进气阀口被打开，有压气流从左端输入，经阀口节流减压后从右端输出。输出气流的一部分由阻尼管 7 进入膜片气室，在膜片 5 的下方产生一个向上的推力，这个推力总是企图把阀口开度关小，使其输出压力下降。当作用于膜片上的推力与弹簧力相平衡后，减压阀的输出压力便保持不变。

当输入压力发生波动时，如输入压力瞬时升高，输出压力也随之升高，作用于膜片 5 上的气体推力也随之增大，破坏了原来力的平衡，使膜片 5 向上移动，有少量气体经溢流口 4、排气孔 11 排出。在膜片上移的同时，因复位弹簧 10 的作用，使输出压力下降，直到新的平衡为止。重新平衡后的输出压力又基本上恢复至原值。反之，输出压力瞬时下降，膜片下移，进气口开度增大，节流作用减小，输出压力又基本上回升至原值。

调节手柄 1 使弹簧 2、3 恢复自由状态，输出压力降至零，阀芯 8 在复位弹簧

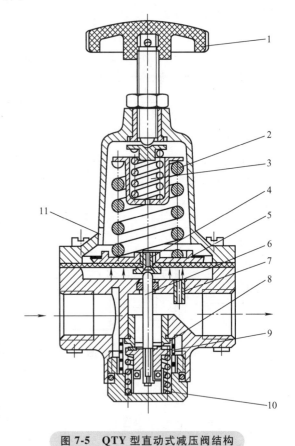

图 7-5 QTY 型直动式减压阀结构

1—调节手柄 2、3—压缩弹簧 4—溢流口 5—膜片
6—阀杆 7—阻尼管 8—阀芯 9—阀口
10—复位弹簧 11—排气孔

10 的作用下，关闭进气阀口，这样，减压阀便处于截止状态，无气流输出。

QTY 型直动式减压阀的调压范围为 0.05～0.63MPa。为限制气体流过减压阀所造成的压力损失，规定气体通过阀内通道的流速在 15～25m/s 内。

安装减压阀时，要按气流的方向和减压阀上所示的箭头方向，依照分水滤气器→减压阀→油雾器的安装次序进行安装。调压时应由低向高调，直至规定的调压值为止。减压阀不用时应把手柄放松，以免膜片经常受压变形。

2. 顺序阀

顺序阀是依靠气路中压力的作用而控制执行元件按顺序动作的压力控制阀，如图 7-6 所示，它根据弹簧的预压缩量来控制其开启压力。当输入压力达到或超过开启压力时，顶开弹簧，于是 A 口才有输出；反之 A 口无输出。

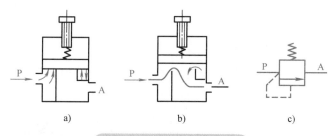

图 7-6　顺序阀工作原理图

a）关闭状态　b）开启状态　c）图形符号

顺序阀一般很少单独使用，往往与单向阀配合在一起，构成单向顺序阀。图 7-7 所示为单向顺序阀的工作原理图。当压缩空气由左端进入阀腔后，作用于活塞 3 上的气压力超过压缩弹簧 3 上的力时，将活塞顶起，压缩空气从 P 端经 A 口输出，如图 7-7a 所示，此时单向阀 4 在压差力及弹簧力的作用下处于关闭状态。反向流动时，输入侧变成排气口，输出侧压力将顶开单向阀 4 由 O 口排气，如图 7-7b 所示。

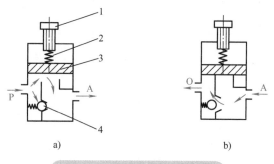

图 7-7　单向顺序阀工作原理图

a）关闭状态　b）开启状态

1—调节手柄　2—弹簧　3—活塞　4—单向阀

调节旋钮可改变单向顺序阀的开启压力，以便在不同的开启压力下，控制执行元件的顺序动作。

3. 安全阀

当储气罐或回路中压力超过某调定值时，要用安全阀向外放气，安全阀在系统中起过载保护作用。

图 7-8 是安全阀工作原理图。当系统中气体压力在调定范围内时，作用在活塞 3 上的压力小于弹簧 2 的力，活塞处于关闭状态，如图 7-8a 所示。当系统压力升高，作用在活塞 3 上的压力大于弹簧的预定压力时，活塞 3 向上移动，阀门开启排气，如图 7-8b 所示。直到系统压力降到调定范围以下，活塞又重新关闭。开启压力的大小与弹簧的预压量有关。

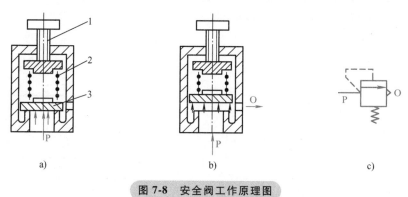

图 7-8　安全阀工作原理图

a）关闭状态　b）开启状态　c）图形符号

4. 气动压力控制阀符号（图7-9）

微课名称：
气动压力控
制回路

六、压力控制回路

压力控制回路的功用是使系统保持在某一规定的压力范围内。常用的有一次压力控制回路，二次压力控制回路和高低压转换回路。

1. 一次压力控制回路

如图7-10所示，这种回路用于控制储气罐的气体压力，常用外控安全阀1保持供气压力基本恒定或用电接点压力表2控制空气压缩机启停，使储气罐内压力保持在规定的范围内。

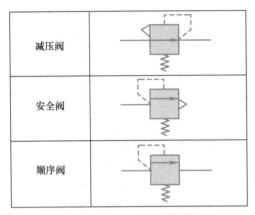

图7-9　气动压力控制阀符号

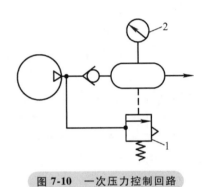

图7-10　一次压力控制回路
1—安全阀　2—电接点压力表

2. 二次压力控制回路

为保证气动系统使用的气体压力为一稳定值，多用图7-11所示的由空气过滤器—减压阀—油雾器（气动三大件）组成的二次压力控制回路，但要注意，供给逻辑元件的压缩空气不要加入润滑油。

3. 高低压转换回路

该回路利用两只减压阀和一只换向阀实现输出低压或高压气源，如图7-12所示，若去掉换向阀，就可同时输出高低压两种压缩空气。

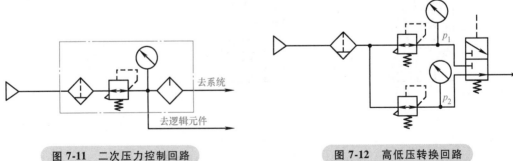

图7-11　二次压力控制回路　　　　　图7-12　高低压转换回路

实践操作

在实际生活生产中应用的气压传动控制设备常常需要有不同的压力或速度输出状态，如在生活中，商场、酒店的气压控制自动门的开关速度在不同情况下，需要有快慢区分；在生产中，自动包装机械手需要根据不同产品的包装要求来调节包装时压紧压力的大小。为了调节气动系统输出的压力，要用到高低压转换回路，如图7-13所示。

下面就对高低压转换回路进行识读练习。

一、原理图的识读与元件的选择

1. 识读压力控制回路高低压转换回路图

识别高低压转换回路中的气动元件，写出高低压转换回路操作过程。

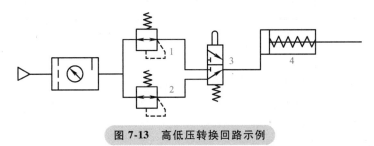

图7-13　高低压转换回路示例

1）根据动作要求，气缸4的夹紧力可以高低压转换。
2）绘制气缸动作控制位移步骤图。
3）写出高低压转换回路控制方式。
4）写出操作过程。

2. 选择元件及耗材

根据识别气动元件实践操作的要求，列出识别操作所需要的元件及耗材清单，见表7-1。

表7-1　元件及耗材清单

名　称	型号及要求	数　量
气动与PLC实验台	PQD-1	1
三联件		1
手旋阀		1
减压阀		2
单作用气缸		1
气泵		1
连接管		若干

二、气动元件的识别

1）对照高低压转换回路图，分析气动回路，识别气动元件。

识别操作任务分配：五人一组，设安全组长。班级设安全总负责人（由班级安全员担任），本项目学习完成后由组长上交制作的作品。

2）制订高低压转换回路中各元件识别方法的计划，必须包含气动压力控制阀的识别、气泵的识别、连接管的选择三个模块，其他内容可自行设定。

3）确定气动元件的识别方式，识别气动元件，并填入表 7-2（表格可增加）。

表 7-2　记录表

气动元件型号	名　称	规　格	用　途	备　注

小贴士

1）安全文明操作，没有熟练掌握前不得私自使用工具。

2）注意操作中的人身安全。

3）注意操作时的工具使用安全。

4）操作过程中，不允许打闹。

考核评价

实训任务完成后，进行考核与评价。具体评分细则见表 7-3。

表 7-3　高低压转换回路连接评价标准

项目内容	评分标准	配分	自评	组评	教师评价
出勤情况	按时上课、下课，不迟到、不早退	10分			
识图与作图	1. 会识读高低压转换回路图，正确说明每部分线路的工作原理 2. 会正确画出气缸动作控制位移步骤图 3. 正确说出高低压转换回路控制方式	15分			
气动回路中气动元件识别	1. 气动回路中气动元件的识别 2. 元件在回路中的作用	20分			
高低压转换回路中气动元件的识别及连接	1. 气泵的识别 2. 压力控制阀的识别 3. 连接软管的选择 4. 操作过程的说明 5. 连接软管的牢固程度	25分			
安全文明生产	1. 注意安全、文明生产、爱护公物 2. 团队合作，和谐共进	10分			
工时	按照规定时间，鼓励节省工时	10分			
报告及总结	实训报告完整、工整	10分			
合　计					

知识拓展

　　针对将来就业需要，以及液压与气压实训考核，气动回路的设计连接要求会越来越高，在保证学生学会压力控制阀理论基础的同时，强化学生对气动元件的熟练使用，提升学生的实际操作能力，增强团队意识，进一步提升学生细致耐心的工作作风。

巩固与提高

一、填空题

1. 气压传动系统一般由_____部分组成，即_____、_____、_____和_____。
2. 气源装置由以下_____部分组成，即_____、_____、_____和_____。

二、选择题

气动三大件包括（　　）。

A. 分水过滤器　　　　　B. 减压阀　　　　　C. 油雾器

三、简答题

气动压力控制阀有哪些？请画出气动压力控制阀相对应的符号。

任务2　方向控制回路连接

任务目标

1. 使学生了解常见的方向控制回路，识别各元件并掌握元件在系统中的作用。
2. 了解气压传动中方向控制的基本知识。

任务要求

1. 各小组接受任务后讨论并制订完成任务的实施计划。
2. 能识读简单的方向控制回路图。
3. 了解方向控制回路的动作要求。
4. 清楚整个系统采用的气动元件的名称、数量。
5. 掌握方向控制回路简单线路连接及操作过程，明确控制方式。
6. 整理任务实施报告。

注意事项

1. 各组任务目标必须明确一致。
2. 熟记气动回路安全操作规程，严禁违章作业。
3. 熟记各种气动工具的使用方法。
4. 熟练识别气动控制回路中的各元件。
5. 接线触头连接牢固，无松动感。
6. 打开气泵前必须经指导教师同意，并在指导教师监护下进行。

7. 要安全文明操作。

8. 操作完毕，要对现场进行彻底清理，收齐工具。

实施流程

序号	工作内容	教师活动	学生活动
1	布置任务	下达任务书,组织小组讨论学习	接受任务,明确工作内容
2	知识准备	讲解气动方向控制阀分类	明确气动方向控制阀的分类
		讲解典型方向控制阀	掌握基本执行元件的名称、符号及典型结构,熟悉元件的动作过程
		讲解简单的方向控制回路	熟悉气动辅件,掌握管道连接方法
		讲解安全操作的重要意义	熟记安全操作规程
3	实践操作	现场讲解方向控制回路中双缸顺序动作回路的构成及运动特点,演示双缸顺序动作回路图的画法,组织学生分组连接操作,并巡视指导	识别主要元件
		按照线路图连接线路,明确操作过程	书写实际操作过程
4	考核评价		

知识准备

一、方向控制阀

方向控制阀和液压换向阀相似，其分类方法也大致相同。方向控制阀是气压传动系统中通过改变压缩空气的流动方向和控制气流的通断来控制执行元件启动、停止及改变运动方向的气动元件。

根据方向控制阀的功能、控制方式、结构方式、阀内气流的方向及密封形式等，可将方向控制阀分为几类，见表7-4。

表7-4　方向控制阀的分类

分类方式	形式
按阀内气体的流动方向	单向阀、换向阀
按阀芯的结构形式	截止阀、滑阀
按阀的密封形式	硬质密封换向阀、软质密封换向阀
按阀的工作位数及通路数	二位三通换向阀、二位五通换向阀、三位五通换向阀等
按阀的控制操纵方式	气压控制换向阀、电磁控制换向阀、机械控制换向阀、手动控制换向阀

下面介绍几种典型的方向控制阀。

1. 气压控制换向阀

气压控制换向阀是以压缩空气为动力切换气阀，使气路换向或通断的阀类。气压控制换向阀的用途很广，多用于组成全气阀控制的气压传动系统或易燃、易爆以及高净化等场合。

（1）单气控加压式换向阀　图7-14为单气控加压式换向阀的工作原理。图7-14a是无控制信号 K 时的状态（即常态），此时，阀芯1在弹簧2的作用下处于上端位置，使阀口 A

与 O 相通，A 口排气。图 7-14b 是在有控制信号 K 时阀的状态（即动力阀状态），由于气压力的作用，阀芯 1 压缩弹簧 2 下移，使阀口 A 与 O 断开，P 与 A 接通，A 口有气体输出。

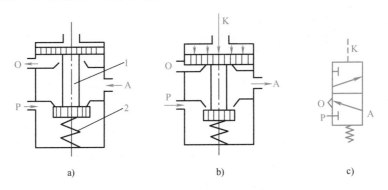

图 7-14　单气控加压式换向阀的工作原理图

a）无控制信号状态　b）有控制信号状态　c）图形符号

1—阀芯　2—弹簧

图 7-15 为二位三通单气控截止式换向阀的结构图。这种结构简单、紧凑、密封可靠、换向行程短，但换向力大。若将气控接头换成电磁头（即电磁先导阀），可变气控阀为先导式电磁换向阀。

（2）双气控加压式换向阀　图 7-16 为双气控滑阀式换向阀的工作原理。图 7-16a 为有控制信号 K_2 时阀的状态，此时阀停在左边，其通路状态是 P 与 A，B 与 O 口相通。图 7-16b 为有控制信号 K_1 时阀的状态（此时信号 K_2 已不存在），阀芯换位，其通路状态变为 P 与 B，A 与 O 口相通。双气控滑阀具有记忆功能，即控制信号消失后，阀仍能保持在有信号时的工作状态。

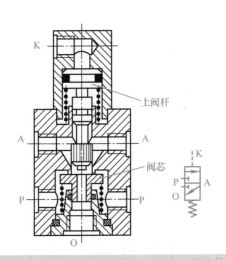

图 7-15　二位三通单气控截止式换向阀的结构图

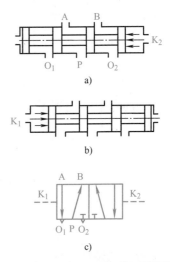

图 7-16　双气控滑阀式换向阀的工作原理图

a）有控制信号 K_2 时阀的状态

b）有控制信号 K_1 时阀的状态

c）图形符号

2. 电磁控制换向阀

电磁换向阀是利用电磁力的作用来实现阀的切换以控制气流的流动方向。常用的电磁换向阀有直动式和先导式两种。

（1）直动式电磁换向阀　图7-17为直动式单电控电磁阀的工作原理图。它只有一个电磁铁。图7-17a为常态情况，即激励线圈不通电，此时阀在复位弹簧的作用下处于上端位置。其通路状态为A与T口相通，A口排气。当通电时，电磁铁1推动阀芯向下移动，气路换向，其通路为P与A口相通，A口进气，如图7-17b所示。

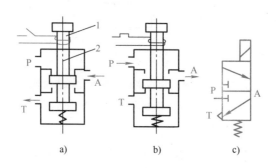

图7-17　直动式单电控电磁阀的工作原理

a）断电时状态　b）通电时状态　c）图形符号

1—电磁铁　2—阀芯

图7-18为直动式双电控电磁阀的工作原理。它有两个电磁线圈，当电磁铁1通电、电磁铁2断电，如图7-18a所示，阀芯被推向右端，其通路状态是P口与A口、B口与O_2口相通，A口进气、B口排气。当电磁铁1断电时，阀芯仍处于原有状态，即具有记忆性。当电磁铁2通电、1断电，如图7-18b所示，阀芯被推向左端，其通路状态是P口与B口、A口与O_1口相通，B口进气、A口排气。若电磁线圈断电，气流通路仍保持原状态。

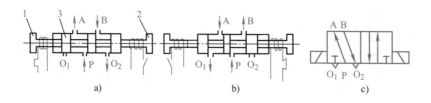

图7-18　直动式双电控电磁阀的工作原理

a）、b）工作原理　c）图形符号

1、2—电磁铁　3—阀芯

（2）先导式电磁换向阀　直动式电磁阀是由电磁铁直接推动阀芯移动的，当阀通径较大时，用直动式结构所需的电磁铁体积和电力消耗都必然增大，为克服此弱点可采用先导式结构。

先导式电磁阀是由电磁铁首先控制气路，产生先导压力，再由先导压力推动主阀阀芯，使其换向。

图 7-19 为先导式双电控换向阀的工作原理。当电磁先导阀 1 的线圈通电,而先导阀 2 断电时,如图 7-19a 所示,由于主阀 3 的 K_1 腔进气、K_2 腔排气,使主阀阀芯向右移动。此时 P 口与 A 口、B 口与 O_2 口相通,A 口进气、B 口排气。当电磁先导阀 2 通电,而先导阀 1 断电时,如图 7-19b 所示,主阀的 K_2 腔进气、K_1 腔排气,使主阀阀芯向左移动。此时 P 口与 B 口、A 口与 O_1 口相通,B 口进气、A 口排气。先导式双电控电磁阀具有记忆功能,即通电换向,断电保持原状态。为保证主阀正常工作,两个电磁阀不能同时通电,电路中要考虑互锁性。先导式电磁换向阀便于实现电、气联合控制,所以应用广泛。

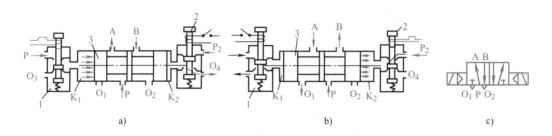

a)   b)   c)

图 7-19 先导式双电控换向阀的工作原理

a）先导阀 1 通电、2 断电时状态　　b）先导阀 2 通电、1 断电时状态　　c）图形符号

3. 机械控制换向阀

机械控制换向阀又称行程阀,多用于行程程序的控制,作为信号阀使用。常依靠凸轮、挡块或其他机械外力推动阀芯使阀换向。

图 7-20 为机械控制换向阀的一种结构形式。当机械凸轮或挡块直接与滚轮 1 接触后,通过杠杆 2 使阀芯 5 换向。其优点是减少了顶杆 3 所受的侧向力;同时,通过杠杆传力也减少了外部的机械压力。

4. 人力控制换向阀

它有手动及脚踏两种操纵方式。阀的主体部分与气压控制换向阀类似,图 7-21a 所示为按钮式手动阀的工作原理和结构图。当按下按钮时,如图 7-21b 所示阀芯下移,则 P 口与 A 口相通、A 口与 T 口断开。当松开按钮时,弹簧力使阀芯上移,关闭阀口,则 P 口与 A 口断开、A 口与 T 口相通。

5. 梭阀

梭阀相当于两个单向阀组合的阀。图 7-22 为梭阀的工作原理。

梭阀有两个进气口 P_1 和 P_2,一个工作口 A,阀芯 l 在两个方向上起单向阀的作用。其中 P_1 和 P_2 都可与 A 口相通,但 P_1 与 P_2 口不相通。当 P_1 口进气时,阀芯 l 右移,封住 P_2 口,使 P_1 口与 A 口相通,A 口进气,如图 7-22a 所示。反之,P_2 口进气时,阀芯 1 左移,封住 P_1 口,使 P_2 口与 A 口相通,A 口也进气。若 P_1 与 P_2 口都进气时,阀芯就可能停在任意一边,这主要看压力加入的先后顺序和压力的大小而定。若 P_1 与 P_2 不等,则高压口的通道打开,低压口被封闭,高压气流从 A 口输出。

梭阀的应用很广,多用于手动与自动控制的并联回路中。

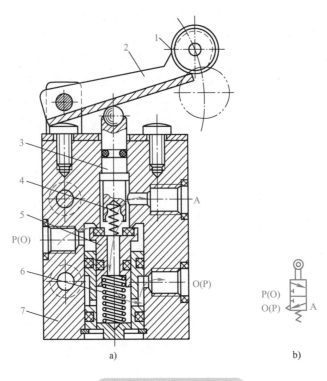

图 7-20 机械控制换向阀

a）结构图 b）图形符号

1—滚轮 2—杠杆 3—顶杆 4—缓冲弹簧 5—阀芯

6—复位弹簧 7—阀体

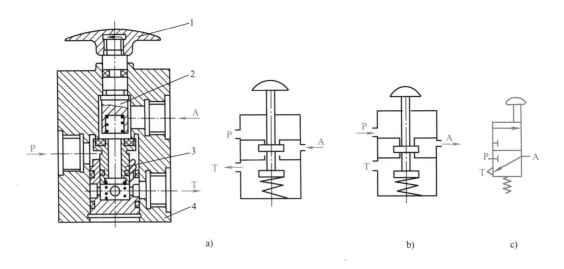

图 7-21 二位三通按钮式手动换向阀

a）结构图和工作原理 b）按下按钮时 c）图形符号

1—按钮 2—上阀芯 3—下阀芯 4—阀体

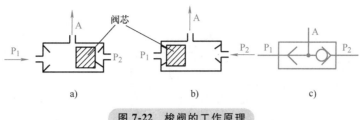

图 7-22 梭阀的工作原理

a）P_1 口进气状态 b）P_2 口进气状态 c）图形符号

二、方向控制回路

1. 单作用气缸换向回路

图 7-23 所示为单作用气缸换向回路，图 7-23a 是用二位三通电磁阀控制的单作用气缸上、下回路，该回路中当电磁铁得电时，气缸向上伸出，失电时气缸在弹簧作用下返回。图 7-23b 所示为三位四通电磁阀控制的单作用气缸上、下回路和停止回路，该阀在两电磁铁均失电时能自动对中，使气缸停于任意位置，但定位精度不高，且定位时间不长。

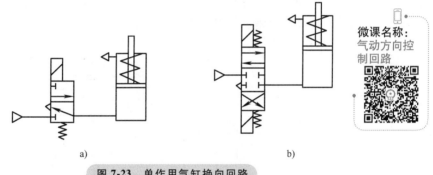

微课名称：
气动方向控制回路

a）   b）

图 7-23 单作用气缸换向回路

2. 双作用气缸换向回路

图 7-24 为各种双作用气缸的换向回路，图 7-24a 是比较简单的换向回路；图 7-24f 中还有中停位置，但中停定位精度不高；图 7-24d、e、f 的两端控制电磁线圈或按钮不能同时操作，否则将出现误动作，其回路相当于双稳的逻辑功能；在图 7-24b 的回路中，当 A 口有压缩空气时气缸推出，反之，气缸退回。

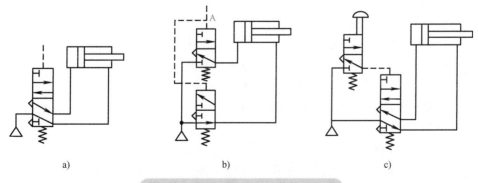

a）   b）   c）

图 7-24 各种双作用气缸的换向回路

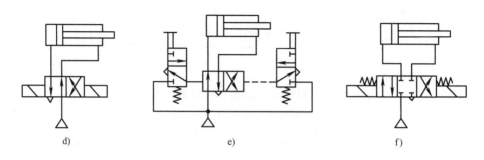

图 7-24　各种双作用气缸的换向回路（续）

实践操作

　　切割机是将各类材料进行分割、切断的机械加工设备，其种类繁多，其中气动切割机是一种利用压缩空气作为动力源的切割机械。气动切割机控制夹紧材料和切割材料的是一对可顺序动作的气缸，其气动原理简化图如图 7-25 所示，其中 3 缸为夹紧缸，4 缸为控制进给缸。下面我们就此顺序动作回路进行识读练习。

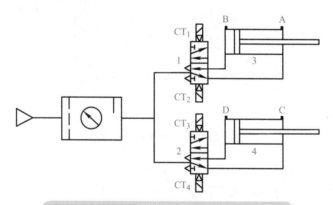

图 7-25　气动切割机双缸顺序动作回路简化图

一、原理图的识读与元件的选择

1. 识读气动切割机双缸顺序动作回路简化图
识别双缸顺序动作回路中的气动元件，写出双缸顺序动作回路操作过程。
1）按动作要求 3、4 缸顺序动作，可分循环与不循环。
2）绘制气缸动作控制位移步骤图。
3）写出双缸顺序动作回路控制方式。
4）写出操作过程。

2. 选择元件及耗材
根据识别气动元件实践操作的要求，列出识别操作所需要的元件及耗材清单，见表 7-5。

表 7-5　元件及耗材清单

名　　称	型号及要求	数　　量
气动与 PLC 实验台	PQD-1	1
三联件		3
减压阀		2
气泵		1
连接管		若干

二、气动元件的识别

1）对照双缸顺序动作回路图，分析气动回路，识别气动元件。

识别操作任务分配：五人一组，设安全组长。班级设安全总负责人（由班级安全员担任），本项目学习完成后由组长上交制作的作品。

2）制订双缸顺序动作回路中各元件识别方法的计划，必须包含气动方向控制阀的识别、气泵的识别、连接管的选择三个模块，其他内容可自行设定。

3）确定元件的识别方式，识别气动元件，并填入表 7-6（表格可增加）。

表 7-6　记录表

气动元件型号	名称	规格	用途	备注

小贴士

1）要先关闭电源，再进行线路检测。

2）排除故障，进行元件安装时注意连接线路的规范性。

3）线路必须经教师检查合格后才能通电测试。

考核评价

实训任务完成后，进行考核与评价。具体评分细则见表 7-7。

表 7-7　双缸顺序动作回路连接评价标准

项目内容	评分标准	配分	自评	组评	教师评价
出勤情况	按时上课、下课,不迟到、不早退	10 分			
识图与作图	1. 会识读双缸顺序动作回路图,正确说明每部分线路的工作原理 2. 会正确画出气缸动作控制位移步骤图 3. 正确说出双缸顺序动作回路控制方式	15 分			
气动回路气动元件的识别	1. 双缸顺序动作回路气动元件的识别 2. 气动元件在回路中的作用	20 分			

（续）

项目内容	评分标准	配分	自评	组评	教师评价
双缸顺序动作回路中气动元件的识别及连接	1. 气泵的识别 2. 方向控制阀的识别 3. 连接软管的选择 4. 操作过程的说明 5. 连接软管的牢固程度	25分			
安全文明生产	1. 注意安全、文明生产、爱护公物 2. 团队合作，和谐共进	10分			
工时	按照规定时间，鼓励节省工时	10分			
报告及总结	实训报告完整、工整	10分			
合　计					

巩固与提高

一、填空题

气动方向阀是气压传动系统中通过改变压缩空气的_____和_____来控制执行元件_____、_____及_____的气动元件。

二、选择题

方向控制阀按阀的工作位数及通路数，分为（　　　）。

A. 二位三通　　　　　B. 二位五通　　　　　C. 三位五通

三、简答题

气动方向控制阀有哪些？请画出气动阀相对应的符号。

任务3　速度控制回路连接

任务目标

1. 使学生了解常见的速度控制回路，识别各元件并掌握元件在系统中的作用。
2. 了解气压传动中速度控制的基本知识。

任务要求

1. 各小组接受任务后讨论并制订完成任务的实施计划。
2. 能识读简单的速度控制回路图。
3. 了解速度控制回路的动作要求。
4. 清楚整个系统采用的气动元件的名称、数量。
5. 掌握速度控制回路简单线路连接及操作过程，明确控制方式。
6. 整理任务实施报告。

注意事项

1. 各组任务目标必须明确一致。

2. 熟记气动回路安全操作规程，严禁违章作业。

3. 熟记各种气动工具的使用方法。

4. 熟练识别气动控制回路中的各元件。

5. 接线触头连接牢固，无松动感。

6. 打开气泵前必须经指导教师同意，并在指导教师监护下进行。

7. 要安全文明操作。

8. 操作完毕，要对现场进行彻底清理，收齐工具。

实施流程

序号	工作内容	教师活动	学生活动
1	布置任务	下达任务书,组织小组讨论学习	接受任务,明确工作内容
2	知识准备	讲解气动速度控制回路的工作原理	明确气动速度控制回路的工作原理
		讲解简单的速度控制回路	掌握速度控制回路的工作过程,掌握管路连接方法
		讲解安全操作的重要意义	熟记安全操作规程
3	实践操作	现场讲解速度控制回路中中间变速回路的构成及运动特点,演示中间变速回路图的画法,组织学生分组连接操作,并巡视指导	识别主要元件
		按照线路图连接线路,明确操作过程	书写实际操作过程
4	考核评价		

知识准备

一、气动速度控制回路

控制气缸速度包括调速与稳速两部分。调速的一般方法是改变气缸进排气管路的阻力。因此，利用调速阀等流量控制阀来改变阀的通流积，即可实现调速控制。气缸的稳速控制通常是采用气液转换的方法，克服气体可压缩的缺点，利用液体的特性来稳定速度。

气动系统的速度控制回路原理：在液压与气压传动系统中，速度控制回路有调速回路、快速回路和速度换接回路等，其中调速回路占有重要地位。如在机床液压传动系统中，用于主运动和进给运动的调速回路对机床加工质量有着重要的影响，而且，它对其他液压回路的选择起着决定性的作用。

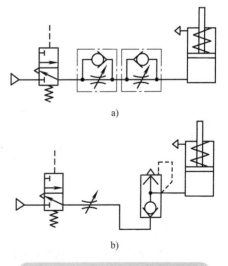

图7-26 单作用气缸速度控制回路

1. 单作用气缸速度控制回路

图 7-26 所示为单作用气缸速度控制回路，在图 7-26a 中，气缸的升、降均通过节流阀调速，两个反向安装的单向节流阀可分别控制活塞杆的伸出及

缩回速度。在图 7-26b 所示的回路中，气缸上升时可调速，下降时则通过快排气阀排气，使气缸快速返回。

2. 双作用气缸速度控制回路

（1）单向调速回路 它有节流供气和节流排气两种调速方式。

图 7-27a 所示为节流供气调速回路，在图示位置，当气控换向阀不换向时，进入气缸 A 腔的气流流经节流阀，B 腔排出的气体直接经换向阀快速排出。图 7-27b 所示为节流排气的回路，在图示位置，当气控换向阀不换向时，压缩空气经气控换向阀直接进入气缸的 A 腔，而 B 腔排出的气体经节流阀到气控换向阀而排入大气，因而 B 腔中的气体就具有一定的压力。调节节流阀的开度，就可控制不同的进气、排气速度，从而也就控制了活塞的运动速度。

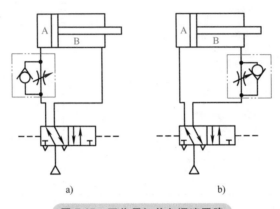

a)   b)

图 7-27 双作用缸单向调速回路

（2）双向调速回路 在气缸的进、排气口装设节流阀，就组成了双向调速回路，在图 7-28 所示的双向节流调速回路中，图 a 所示为采用单向节流阀的双向节流调速回路，图 b 所示为采用排气节流阀的双向节流调速回路。

3. 快速往复运动回路

若将图 7-28a 中两只单向节流阀换成快速排气阀就构成了快速往复回路，如图 7-29 所示，若实现气缸单向快速运动，可只采用一只快速排气阀。

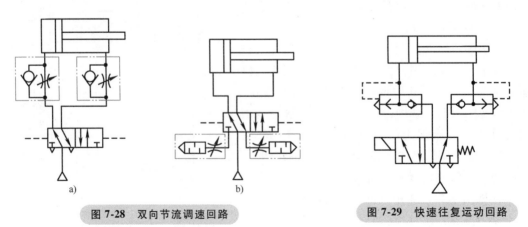

a)   b)

图 7-28 双向节流调速回路   图 7-29 快速往复运动回路

a）采用单向节流阀 b）采用排气节流阀

4. 速度换接回路

图 7-30 所示的速度换接回路是利用两个二位二通阀与单向节流阀并联,当撞块压下行程开关时,发出电信号,使二位二通阀换向,改变排气通路,从而使气缸速度改变。行程开关的位置可根据需要选定。图中二位二通阀也可改用行程阀。

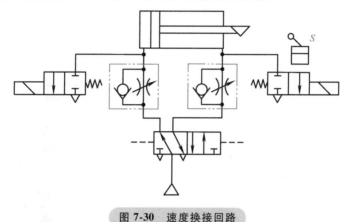

图 7-30 速度换接回路

5. 缓冲回路

要获得气缸行程末端的缓冲,除采用带缓冲的气缸外,特别在行程长、速度快、惯性大的情况下,往往需要采用缓冲回路来满足气缸运动速度的要求,常用的方法如图 7-31 所示。图 7-31a 所示回路能实现快进—慢进缓冲—停止快退的循环,行程阀可根据需要来调整缓冲开始位置,这种回路常用于惯性力大的场合。图 7-31b 所示回路的特点是,当活塞返回到行程末端时,其左腔压力已降至打不开顺序阀 2 的程度,余气只能经节流阀 1 排出,因此活塞得到缓冲,这种回路都只能实现一个运动方向上的缓冲,若两侧均安装此回路,可达到双向缓冲的目的。

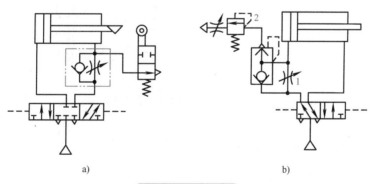

a)   b)

图 7-31 缓冲回路

6. 气液联动速度控制回路

(1) 调速回路 通过两个单向节流阀,如图 7-32 所示,利用液压油不可压缩的特点,实现两个方向的无级调速,油杯为补充漏油而设。

(2) 变速回路 气缸活塞杆端滑块空套在液压阻尼缸活塞杆上,如图 7-33 所示,当气缸运动到调节螺母处时,气缸由快进转为慢进。液压阻尼缸流量由单向节流阀 2 控制,蓄能器能调节阻尼缸中油量的变化。

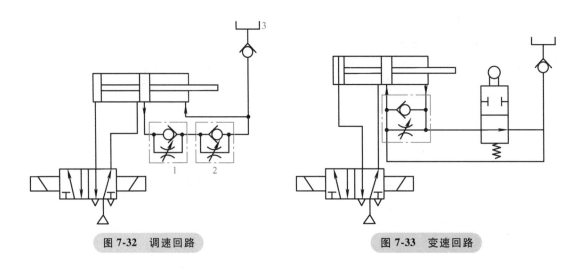

图 7-32　调速回路　　　　　　　　　　　图 7-33　变速回路

实践操作

　　在生产实践中，对于气动系统执行气缸的速度变化要求是普遍存在的，例如自动化生产线机械手臂动作快慢的调节、数控加工中心气动换刀速度快慢的调节，因此速度调节回路在气动系统中应用较多。

　　下面以图 7-34 所示的机械手臂中间变速回路简化图进行识读练习。

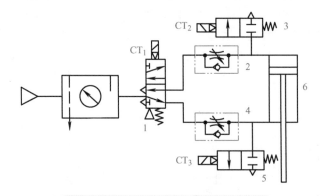

图 7-34　机械手臂中间变速回路简化图

一、原理图的识读与元件的选择

1. 识读机械手臂中间变速回路简化图

识别中间变速回路中的气动元件，写出中间变速回路操作过程。

1）按动作要求，气缸速度可调。

2）绘制气缸动作控制位移步骤图。

3）写出中间变速回路控制方式。

4）写出操作过程。

2. 选择元件及耗材

根据识别气动元件实践操作的要求，列出识别操作所需要的元件及耗材清单，见表7-8。

表 7-8　元件及耗材清单

名　　称	型号及要求	数　　量
气动与 PLC 实验台	PQD-1	1
三联件		1
节流阀		1
电磁阀		1
单向节流阀		2
气缸		1
气泵		1
二位二通阀		2
减压阀		1
连接管		若干

二、气动元件的识别

1）对照中间变速回路图，分析气动回路，识别气动元件。

识别操作任务分配：五人一组，设安全组长。班级设安全总负责人（由班级安全员担任），本项目学习完成后由组长上交制作的作品。

2）制订中间变速回路中各元件识别方法的计划，必须包含气动二位二通阀的识别、节流阀的识别、气缸的选择三个模块，其他内容可自行设定。

3）确定元件的识别方式，识别气动元件，并填入表 7-9（表格可增加）。

表 7-9　记录表

气动元件型号	名　　称	规　　格	用　　途	备　　注

小贴士

1）安全文明操作，没有熟练掌握前不得私自使用工具。

2）注意操作中的人身安全。

3）注意操作时气泵的安全。

考核评价

实训任务完成后，进行考核与评价。具体评分细则见表 7-10。

表 7-10　中间变速回路评价标准

项目内容	评分标准	配分	自评	组评	教师评价
出勤情况	按时上课、下课,不迟到、不早退	10 分			
识图与作图	1. 会识读中间变速回路图,正确说明每部分线路的工作原理 2. 会正确画出气缸动作控制位移步骤图 3. 正确说出中间变速回路控制方式	15 分			
气动回路气动元件的识别	1. 中间变速回路气动元件的识别 2. 气动元件在回路中的作用	20 分			
中间变速回路中气动元件的识别及连接	1. 气缸的识别 2. 二位二通阀的识别 3. 节流阀的识别 4. 操作过程的说明 5. 连接软管的牢固程度	25 分			
安全文明生产	1. 注意安全、文明生产、爱护公物 2. 团队合作,和谐共进	10 分			
工时	按照规定时间,鼓励节省工时	10 分			
报告及总结	实训报告完整、工整	10 分			
合　计					

知识拓展

通过本节任务的学习,试着设计一个高速动作中位可停的气动速度控制回路。

巩固与提高

一、填空题

1. 控制气缸速度包括_____与_____两部分。

2. 气缸的稳速控制通常是采用_____的方法,克服气体可_____的缺点,利用_____的特性来稳定速度。

二、选择题

单向调速回路包括 (　　) 和 (　　) 两种调速方式。

A. 节流供气　　　　　　　B. 节流排气　　　　　　　C. 双向调速

三、简答题

调速的一般方法是什么?

任务4　常用气动回路连接

任务目标

1. 使学生了解常用气动回路,识别各元件并掌握元件在系统中的作用。

2. 了解气动回路中一些特殊回路的用法。

任务要求

1. 各小组接受任务后讨论并制订完成任务的实施计划。
2. 能识读简单的常用气动回路图。
3. 了解特殊气动回路的动作要求。
4. 清楚整个系统采用的气动元件的名称、数量。
5. 掌握常用气动回路连接及操作过程，明确控制方式。
6. 整理任务实施报告。

注意事项

1. 各组任务目标必须明确一致。
2. 熟记气动回路安全操作规程，严禁违章作业。
3. 熟记各种气动工具的使用方法。
4. 熟练识别气动控制回路中的各元件。
5. 接线触头连接牢固，无松动感。
6. 打开气泵前必须经指导教师同意，并在指导教师监督下进行。
7. 要安全文明操作。
8. 操作完毕，要对现场进行彻底清理，收齐工具。

实施流程

序号	工作内容	教师活动	学生活动
1	布置任务	下达任务书,组织小组讨论学习	接受任务,明确工作内容
2	知识准备	讲解常用气动回路的工作原理	明确常用气动回路的工作原理
		讲解常用气动控制回路	掌握常用回路的工作过程,掌握管路连接方法
		讲解安全操作的重要意义	熟记安全操作规程
3	实践操作	现场讲解过载保护回路的构成及运动特点,演示过载保护回路图的画法,组织学生分组连接操作,并巡视指导	识别主要元件
		按照线路图连接线路,明确操作过程	书写实际操作过程
4	考核评价		

知识准备

一、常用气动回路

1. 计数回路

计数回路可以组成二进制计数器。在图 7-35a 所示回路中，按下阀 1 按钮，则气信号经阀 2 至阀 4 的左或右控制端使气缸推出或退回。阀 4 换

微课名称：
气动速度控制回路

向位置，取决于阀2的位置，而阀2的换位又取决于阀3和阀5。如图所示，设按下阀1时，气信号经阀2至阀4的左端使阀4换至左位，同时使阀5切断气路，此时气缸向外伸出；当阀1复位后，原通入阀4左控制端的气信号经阀1排空，阀5复位，于是气缸无杆腔的气体经阀5至阀2左端，使阀2换至左位等待阀1的下一次信号输入。当阀1第二次按下后，气信号经阀2的左位至阀4右控制端使阀4换至右位，气缸退回，同时阀3将气路切断。待阀1复位后，阀4右控制端信号经阀2、阀1排空，阀3复位并将气体导入至阀2左端使其换至右位，又等待阀1下一次信号输入。这样，第1、3、5、…（奇数）次按压阀1，则气缸伸出；第2、4、6、…（偶数）次按压阀1，则使气缸退回。

　　图7-35b所示的计数原理同图7-35。不同的是按压阀1的时间不能过长，只要使阀4切换后就放开，否则气信号将经阀5或阀3通至阀2左或右控制端，使阀2换位，气缸反行，从而使气缸来回振荡。

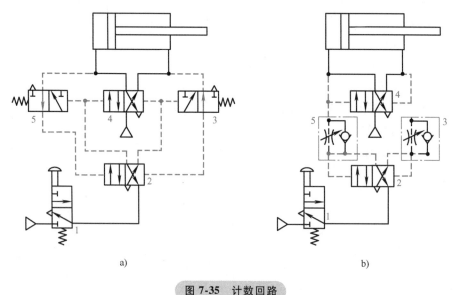

a)　　　　　　　　　　　　　　b)

图 7-35　计数回路

2. 延时回路

　　图7-36所示为延时回路，图7-36a是延时输出回路，当控制信号4切换阀4后，压缩空气经单向节流阀3向气容2充气。当充气压力经延时升高至使阀1换位时，阀1就有输出。

　　在图7-36b所示回路中，按下阀8，则气缸向外伸出，当气缸在伸出行程中压下阀5后，压缩空气经节流阀到气容6延时后才将阀7切换，气缸退回。

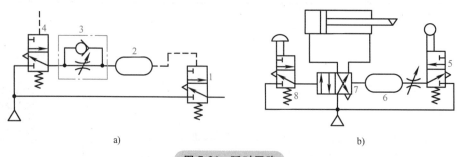

a)　　　　　　　　　　　　　　b)

图 7-36　延时回路

3. 安全保护和操作回路

由于气动机构负荷的过载、气压的突然降低以及气动执行机构的快速动作等原因都可能危及操作人员或设备的安全，因此在气动回路中，常常要加入安全回路。需要指出的是，在设计任何气动回路，特别是安全回路中，都不可缺少过滤装置和油雾器。因为脏空气中的杂物可能堵塞阀中的小孔与通路，使气路发生故障；缺乏润滑油很可能使阀发生卡死或磨损，以至整个系统的安全都发生问题。下面介绍几种常用的安全保护回路。

（1）过载保护回路　图 7-37 所示的过载保护回路，是当活塞杆在伸出途中，若偶然遇到障碍或其他原因使气缸过载时，活塞就立即缩回，实现过载保护。在活塞伸出的过程中，若遇到障碍物 6，无杆腔压力升高，打开顺序阀 3，使阀 2 换向，阀 4 随即复位，活塞立即退回。同样若无障碍物 6，气缸向前运动时压下阀 5，活塞即刻返回。

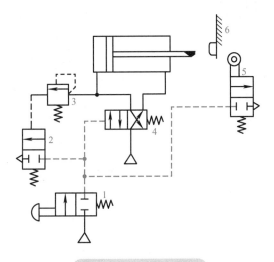

图 7-37　过载保护回路

1—手动换向阀　2—气控换向阀　3—顺序阀
4—二位四通换向阀　5—机控换向阀　6—障碍物

（2）互锁回路　如图 7-38 所示为互锁回路，在该回路中，四通阀的换向受三个串联的机动三通阀控制，只有三个阀都接通，主控阀才能换向。

（3）双手操作回路　所谓双手操作回路就是使用两个启动用的手动阀，只有同时按动两个阀才动作的回路。这种回路主要是为了安全，这在锻造机、压力机上常用来避免误动作，以保护操作者的安全。

图 7-39a 所示为使用逻辑"与"回路的双手操作回路，为使主控阀换向，必须使压缩空气信号进入上方侧，为此必须使两只三通手动阀同时换向，另外这两个阀必须安装在单手不能同时操作的距离上，在操作时，如任何一只手离开时则控制信号消失，主控阀复位，则活塞杆后退。图 7-39b 所示的是使用三位主控阀的双手操作回路，把此主控阀 1 的信号 4

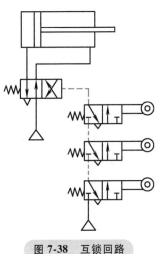

图 7-38　互锁回路

作为手动阀2和3的逻辑"与"回路，即只有手动阀2和3同时动作时，主控制阀1换向到上位，活塞杆前进；把信号B作为手动阀2和3的逻辑"或非"回路，即当手动阀2和3同时松开时（图示位置），主控制阀1换向到下位，活塞杆返回；若手动阀2或3任何一个动作，将使主控制阀复位到中位，活塞杆处于停止状态。

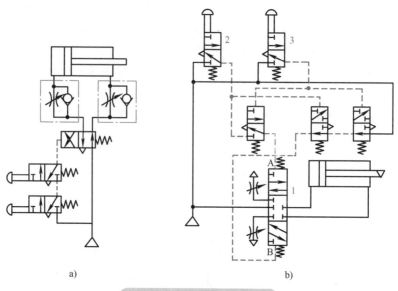

图 7-39　双手同时操作回路

4. 顺序动作回路

顺序动作指在气动回路中各个气缸按一定程序完成各自的动作。例如单缸有单往复动作、二次往复动作、连续往复动作等；双缸及多缸有单往复及多往复顺序动作等。

（1）单缸往复动作回路　单缸往复动作回路可分为单缸单往复和单缸连续往复动作回路。前者指输入一个信号后，气缸只完成 A_1 和 A_0 一次往复动作（A表示气缸，下标"1"表示A缸活塞伸出，下标"0"表示活塞缩回动作）。而单缸连续往复动作回路指输入一个信号后，气缸可连续进行 $A_1A_0A_1A_0$ 往复动作。

图7-40所示为三种单缸往复动作回路，其中图7-40a为行程阀控制的单缸往复动作回路。当按下阀1的手动按钮后，压缩空气使阀3换向，活塞杆前进，当凸块压下行程阀2时，阀3复位，活塞杆返回，完成 A_1A_0 循环；图7-40b所示为压力控制的单缸往复动作回

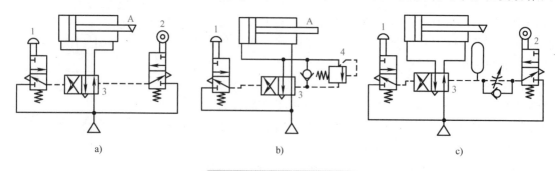

图 7-40　单缸往复动作回路

路，按下阀 1 的手动按钮后，阀 3 阀芯右移，气缸无杆腔进气，活塞杆前进，当活塞行程到达终点时，气压升高，打开顺序阀 2，使阀 3 换向，气缸返回，完成以 A_1A_0 循环；图 7-40c 是利用阻容回路形成的时间控制单缸往复动作回路，当按下阀 1 的按钮后，阀 3 换向，气缸活塞杆伸出，当压下行程阀 2 后，需经过一定的时间后，阀 3 才能换向，再使气缸返回完成动作 A_1A_0 的循环。由以上可知，在单缸往复动作回路中，每按动一次按钮，气缸可完成一个 A_1A_0 的循环。

（2）**连续往复动作回路** 如图 7-41 所示的回路是一连续往复动作回路，能完成连续的动作循环。当按下阀 1 的按钮后，阀 2 换向，活塞向前运动，这时由于阀 3 复位将气路封闭，使阀 2 不能复位，活塞继续前进。直到行程终点压下行程阀 4，使阀 2 控制气路排气，在弹簧作用下阀 2 复位，气缸返回，在终点压下阀 3，阀 2 换向，活塞再次向前，形成了 $A_1A_0A_1A_0$ 的连续往复动作，待提起阀 1 的按钮后，阀 2 复位，活塞返回而停止运动。

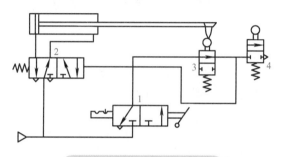

图 7-41 连续往复动作回路

（3）**多缸顺序动作回路** 两只、三只或多只气缸按一定顺序动作的回路，称为多缸顺序动作回路。其应用较广泛，在一个循环顺序里，若气缸只做一次往复，称为单往复顺序，若某些气缸做多次往复，就称为多往复顺序。若用 A、B、C……表示气缸，仍用下标"1""0"表示活塞的伸出和缩回，则两只气缸的基本顺序动作有 $A_1B_0A_0B_1$、$A_1B_1B_0A_0$ 和 $A_1A_0B_1B_0$ 三种。而若三只气缸的基本动作就有 15 种之多，如 $A_1B_1C_1A_0B_0C_0$、$A_1A_0B_1C_1C_0B_0$、$A_1A_0B_1C_1B_0C_0$、$A_1B_1C_1A_0C_0B_0$……这些顺序动作回路，都属于单往复顺序，即在每一个程序里，气缸只做一次往复，多往复顺序动作回路其顺序的形成方式将比单往复顺序多得多。

在程序控制系统中，把这些顺序动作回路都称为程序控制回路。

5. 同步动作回路

（1）**简单的同步回路** 如图 7-42 所示，采用刚性零件把两尺寸相同气缸的活塞杆连接起来。

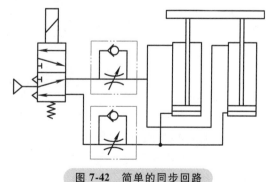

图 7-42 简单的同步回路

（2）**采用气液组合缸的同步回路** 如图 7-43 所示，利用两液压缸油路串联来保证在负载 F_1、F_2 不相等时也能使工作台上下运动同步。蓄能器用于换向阀处于中位时为液压缸补充泄漏。

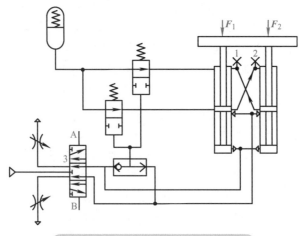

图 7-43　采用气液组合缸的同步回路

实践操作

　　在气压传动系统中，作为执行装置的气缸经常要执行推拉重物的动作，以完成系统的操作任务。但所推重物负荷有可能超出气动系统设计上限，而对气动系统造成损害，对现场人员产生危险。为避免此类情况的发生，常在系统中设计过载保护回路，如图 7-44 所示。

　　下面就对过载保护回路进行识读练习。

一、原理图的识读与元件的选择

1. 识读过载保护回路图

识别过载保护回路中的气动元件，写出过载保护回路操作过程。

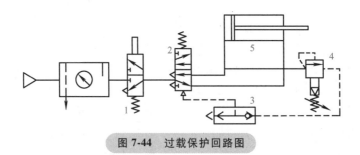

图 7-44　过载保护回路图

　　1）按动作要求，气缸速度可调。

　　2）绘制气缸动作控制位移步骤图。

　　3）写出过载保护回路控制方式。

　　4）写出操作过程。

2. 选择元件及耗材

根据识别气动元件实践操作的要求，列出识别操作所需要的元件及耗材清单，见表 7-11。

表 7-11　元件及耗材清单

名　称	型号及要求	数　量
气动与 PLC 实验台	PQD-1	1
三联件		1
手旋阀		1
调节阀		1
二位五通阀		1
气缸		1
气泵		
开梭阀		1
减压阀		1
连接管		若干

二、气动元件的识别

1）对照过载保护回路图，分析气动回路，识别气动元件。

识别操作任务分配：五人一组，设安全组长。班级设安全总负责人（由班级安全员担任），本项目学习完成后由组长上交制作的作品。

2）制订过载保护回路中各元件识别方法的计划，必须包含气动二位五通阀的识别、开梭阀的识别、气缸的选择三个模块，其他内容可自行设定。

3）确定元件的识别方式，识别气动元件，并填入表 7-12（表格可增加）。

表 7-12　记录表

气动元件型号	名　称	规　格	用　途	备　注

小贴士

1）安全文明操作，注意操作中的人身安全。

2）注意压力表的读数，防止压力过大发生危险。

考核评价

实训任务完成后，进行考核与评价。具体评分细则见表 7-13。

表 7-13　过载保护回路连接评价标准

项目内容	评分标准	配分	自评	组评	教师评价
出勤情况	按时上课、下课,不迟到、不早退	10分			
识图与作图	1. 会识读过载保护回路图,正确说明每部分线路的工作原理 2. 会正确画出气缸动作控制位移步骤图 3. 正确说出过载保护回路控制方式	15分			
气动回路气动元件的识别	1. 过载保护回路气动元件的识别 2. 气动元件在回路中的作用	20分			
过载保护回路中气动元件的识别及连接	1. 气缸的识别 2. 二位五通阀的识别 3. 开梭阀的识别 4. 操作过程的说明 5. 连接软管的牢固程度	25分			
安全文明生产	1. 注意安全、文明生产、爱护公物 2. 团队合作,和谐共进	10分			
工时	按照规定时间,鼓励节省工时	10分			
报告及总结	实训报告完整、工整	10分			
合　计					

知识拓展

通过以上任务的学习,根据逻辑与或非门的实际情况,设计逻辑或门气动回路。

巩固与提高

一、填空题

在设计任何气动回路,特别是安全回路中,都不可缺少_____和_____。

二、选择题

计数回路可以组成( )进制计数器。

A. 二　　　　　　　B. 八　　　　　　　C. 十六

三、简答题

为什么要在锻造机、压力机的气动回路上使用双手操作回路?

任务5　电车、汽车自动开门装置回路连接

任务目标

1. 了解电车、汽车自动开门装置回路元件的组成、作用及名称,电车、汽车自动开门装置控制回路的工作原理,及各回路的功能。

2. 了解电车、汽车自动开门装置控制形式的实现,以及其在实际生产的应用。

3. 掌握电车、汽车自动开门装置控制线路的连接方法及设计原理。

任务要求

1. 各小组接受任务后讨论并制订完成任务的实施计划。
2. 能识读了解电车、汽车自动开门装置回路图。
3. 了解特殊电车、汽车自动开门装置回路的动作要求。
4. 清楚整个系统采用的气动元件的名称、数量。
5. 掌握了解电车、汽车自动开门装置回路简单线路的连接及操作过程，明确控制方式。
6. 整理任务实施报告。

注意事项

1. 各组任务目标必须明确一致。
2. 熟记电车、汽车自动开门装置回路安全操作规程，严禁违章作业。
3. 熟记各种气动工具的使用方法。
4. 熟练识别了解电车、汽车自动开门装置回路中的各元件。
5. 接线触头连接牢固，无松动感。
6. 打开气泵前必须经指导教师同意，并在指导教师监督下进行。
7. 要安全文明操作。
8. 操作完毕，要对现场进行彻底清理，收齐工具。

实施流程

序号	工作内容	教师活动	学生活动
1	布置任务	下达任务书,组织小组讨论学习	接受任务,明确工作内容
2	知识准备	讲解电车、汽车自动开门装置回路的气动回路图	明确常用气动回路的工作原理
		讲解电车、汽车自动开门装置回路元件的选择	掌握电车、汽车自动开门装置回路元件的选择方法
		讲解电车、汽车自动开门装置回路的动作要求	明确电车、汽车自动开门装置回路的动作要求
3	实践操作	现场讲解电车、汽车自动开门装置回路的构成及运动特点,演示电车、汽车自动开门装置回路图的画法,组织学生分组连接操作,并巡视指导	识别主要元件
		按照线路图连接线路,明确操作过程	书写实际操作过程
4	考核评价		

知识准备

一、电车、汽车自动开门装置回路

一个气动系统的实现方式有多种，用继电器来控制实现气动回路的过程是最基本的一种方式。电车、汽车是人们在日常生活中经常接触的交通工具，车门的开关就是借助于继电器来控制气动回路，进而实现开关的。

1. 动作过程分析

如图 7-45 所示，当气缸 3 退回时关门，气缸 3 前进时开门，电磁铁动作顺序如下：CT_1 气源关，CT_1、CT_2 关门，CT_1 电源开，CT_1、CT_2 开门。

2. 换向阀

利用阀芯对阀体的相对运动，使油路接通、关断或变换液流方向，从而实现液压执行元件及其驱动机构的启动、停止或变换运动方向。

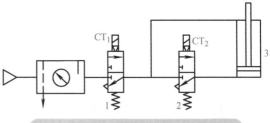

图 7-45 电车、汽车自动开门装置回路

（1）**换向阀分类** 按阀芯相对于阀体的运动方式分为：滑阀和转阀；按操作方式分为：手动、机动、电磁动、液动和电液动等；按阀芯工作时在阀体中所处的位置分为：二位和三位等；按换向阀所控制的通路数不同分为：二通、三通、四通和五通等。

（2）**电磁换向阀** 利用电磁铁的通电吸合与断电释放而直接推动阀芯来控制液流方向。它是电气系统和液压系统之间的信号转换元件。

图 7-46a 所示为二位三通交流电磁阀结构，实物如图 7-47 所示。在图示位置，油口 P 和 A 相通，油口 B 断开；当电磁铁通电吸合时，推杆 1 将阀芯 2 推向右端，这时油口 P 和 A 断开，而与 B 口相通。当电磁铁断电释放时，弹簧 3 推动阀芯复位。图 7-46b 为其图形符号。

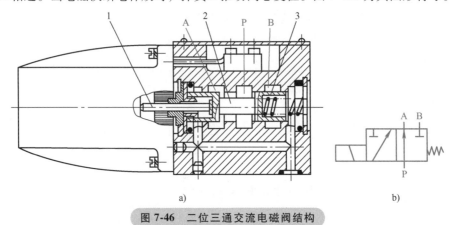

图 7-46 二位三通交流电磁阀结构

a）二位三通交流电磁阀结构图 b）二位三通交流电磁阀符号

1—推杆 2—阀芯 3—弹簧

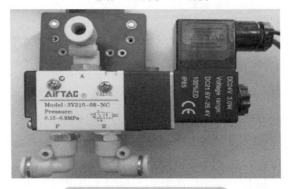

图 7-47 二位三通单电控换向阀

（3）换向阀的性能和特点

1）滑阀的中位机能。各种操纵方式的三位四通和三位五通式换向滑阀，阀芯在中间位置时，各油口的连通情况称为换向阀的中位机能。常用的有"O"型、"H"型、"P"型、"K"型、"M"型。

分析和选择三位换向阀的中位机能时，通常考虑以下情况：

① 系统保压：P口堵塞时，系统保压，液压泵用于多缸系统。

② 系统卸荷：P口通畅地与T口相通，系统卸荷适于H、K、X、M型换向阀。

③ 换向平稳性与精度：A、B两口堵塞，换向过程中易产生冲击，换向不平稳，但精度高；A、B口都通T口，换向平稳，但精度低。

④ 启动平稳性：阀在中位时，液压缸某腔通油箱，启动时无足够的油液起缓冲作用，启动不平稳。

⑤ 液压缸浮动和在任意位置上停止。

2）滑阀的液动力。由液流的动量定律可知，油液通过换向阀时作用在阀芯上的液动力有稳态液动力和瞬态液动力两种。

① 稳态液动力：阀芯移动完毕，开口固定后，液流流过阀口时因动量变化而作用在阀芯上有使阀口关小趋势的力，与阀的流量有关。

② 瞬态液动力：滑阀在移动过程中，阀腔液流因加速或减速而作用在阀芯上的力，与移动速度有关。

3）液压卡紧现象。

卡紧原因：脏物进入缝隙；温度升高，阀芯膨胀；主要原因是滑阀副几何形状和同心度变化引起的径向不平衡力的作用，其主要包括：

① 阀芯和阀体间无几何形状误差，轴线平行但不重合。

② 阀芯因加工误差而带有倒锥，轴线平行但不重合。

③ 阀芯表面有局部突起形状。

4）减小径向不平衡力措施有：

① 提高制造和装配精度。

② 阀芯上开环形均压槽。

3. 普通气缸

它包括单作用和双作用气缸，常用于无特殊要求的场合。

（1）气缸结构　图7-48为最常用的单杆双作用普通气缸的基本结构，气缸一般由缸筒、前后缸盖、活塞、活塞杆、密封件和紧固件等零件组成。

缸筒7与前后缸盖固定连接。有活塞杆侧的缸盖5为前缸盖，无杆侧缸盖14为后缸盖。在缸盖上开有进排气通口，有的还设有气缓冲机构。前缸盖上设有密封防尘圈3，同时还设有导向套4，以提高气缸的导向精度。活塞杆6与活塞9紧固相连。活塞上除有密封圈10、11防止活塞左右两腔相互漏气外，还有耐磨环12以提高气缸的导向性；带磁性开关的气缸，活塞上装有磁环。活塞两侧常装有橡胶垫作为缓冲垫8。

如果是气缓冲，则活塞两侧沿轴线方向设有缓冲柱塞，同时缸盖上有缓冲节流阀和缓冲套，当气缸运动到端头时，缓冲柱塞进入缓冲套，气缸排气需经缓冲节流阀，排气阻力增加，产生排气背压，形成缓冲气垫起到缓冲作用。

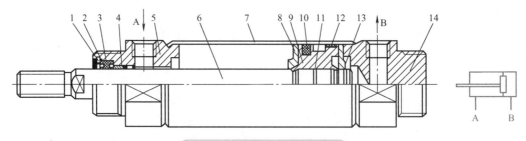

图 7-48 单杆双作用普通气缸

1、13—弹簧挡圈 2—防尘圈压板 3—防尘圈 4—导向套 5—有杆侧缸盖 6—活塞杆 7—缸筒
8—缓冲垫 9—活塞 10、11—密封圈 12—耐磨环 14—无杆侧缸盖

（2）双作用气缸 双作用气缸的活塞前进或后退都能输出力（推力或拉力）。如图 7-49 所示，其结构简单，行程可根据需要选择。气缸若不带缓冲装置，当活塞运动到终端时，特别是行程长的气缸，活塞撞击端盖的力量很大，容易损坏零件。

图 7-49 双作用气缸

双作用气缸还可以分为单活塞杆型和双活塞杆型。双活塞杆型气缸活塞两侧的受压面积相等，两侧运动行程和输出力是相等的，可用于长行程的工作台装置上。活塞杆两端固定，气缸的缸筒随工作台运动，刚性增强，导向性好。

为了吸收行程终端气缸运动件的撞击能，在活塞两侧设有缓冲垫，以保护气缸不受损伤。

二、电车、汽车自动开门装置回路实验操作过程

1）根据回路图，选择所需的气动元件，将它们有布局地装在铝型材上，再用气管将它们连接在一起组成回路。

2）按图 7-50 所示电车、汽车自动开门装置控制线路，把电气部分连线接好。

3）仔细检查后，按下启动按钮，打开气泵的放气阀，压缩空气进入三联件，调节减压阀，使压力为 0.4MPa 后，当按下 SB_2 后，CT_1、KZ_2、KZ_1 得电，同时相应的触点也动作，电磁阀 1 动作，由系统图可知，气缸首先退回（关门），当按下 SB_3 后，CT_2、KZ_3 得电，系统变成差动前进

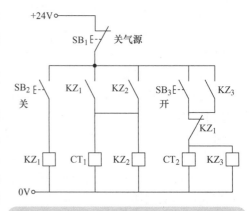

图 7-50 电车、汽车自动开门装置控制线路

（开门），当再次按下 SB_2 后，KZ_2 的动断触点断开，SB_3 回路断电，CT_2 复位，气缸退回（关门），这样就周而复始地开关门。当按下 SB_1 后，气源关。

实践操作

一、原理图的识读与元件的选择

1. 识读电车、汽车自动开门装置回路图

识别回路中的气动元件，写出电车、汽车自动开门装置回路操作过程，如图7-51所示。

1）按动作要求，当气缸3退回时关门，气缸3前进时开门。

2）绘制气缸动作控制位移步骤图。

3）写出电车、汽车自动开门装置回路控制方式。

4）写出操作过程。

2. 选择元件及耗材

根据识别气动元件实践操作的要求，列出识别操作所需要的元件及耗材清单，见表7-14。

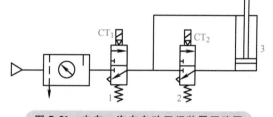

图7-51 电车、汽车自动开门装置回路图

表7-14 元件及耗材清单

名　称	型号及要求	数　量
气动与PLC实验台	PQD-1	1
过滤、调压开关阀		1
双作用气缸		1
二位三通按钮式方向控制阀		2
气泵		1
连接管		若干

二、气动元件的识别

1）对照电车、汽车自动开门装置回路图，分析气动回路，识别气动元件。

识别操作任务分配：五人一组，设安全组长。班级设安全总负责人（由班级安全员担任），本项目学习完成后由组长上交制作的作品。

2）制订电车、汽车自动开门装置回路中各元件识别方法的计划，必须包含气动二位三通阀的识别、双作用气缸的选择两个模块，其他内容可自行设定。

3）确定元件的识别方式，识别气动元件，并填入表7-15（表格可增加）。

表7-15 记录表

气动元件型号	名　称	规　格	用　途	备　注

小贴士

1）安全文明操作，注意操作中的人身安全。

2）注意压力表的读数，防止压力过大发生危险。

考核评价

实训任务完成后，进行考核与评价。具体评分细则见表7-16。

表7-16　电车、汽车自动开门装置回路连接评价标准

项目内容	评分标准	配分	自评	组评	教师评价
出勤情况	按时上课、下课，不迟到、不早退	10分			
识图与作图	1. 会识读电车、汽车自动开门装置回路图，正确说明每部分线路的工作原理 2. 会正确画出气缸动作控制位移步骤图 3. 正确说出电车、汽车自动开门装置回路控制方式	15分			
气动回路气动元件的识别	1. 电车、汽车自动开门装置回路气动元件的识别 2. 气动元件在回路中的作用	20分			
自动开门装置回路中气动元件的识别及连接	1. 双作用气缸的识别 2. 二位三通方向控制阀的识别 4. 操作过程的说明 5. 连接软管的牢固程度	20分			
安全文明生产	1. 注意安全、文明生产、爱护公物 2. 团队合作，和谐共进	10分			
工时	按照规定时间，鼓励节省工时	10分			
报告及总结	实训报告完整、工整	15分			
合　　计					

知识拓展

通过以上任务的学习，采用二位五通方向控制阀及双作用气缸设计客车门气动控制回路，要求客车门能开启和关闭，为方便起见，在司机位和售票员位都要能控制。

巩固与提高

一、填空题

换向阀是利用阀芯对阀体的_____，使油路接通、关断或_____的方向，从而实现液压_____及其_____的启动、停止或变换运动方向。

二、选择题

按换向阀所控制的通路数不同可分成（　　　）种。

A. 二　　　　　B. 三　　　　　C. 四　　　　　D. 五

三、简答题

换向阀液压卡紧现象产生的原因是什么？

项目8　液压与气压传动系统应用实例

项目描述

　　本项目通过机电设备的典型液压与气压传动系统，介绍液压与气压传动技术在各个领域中的应用，熟悉各种液压和气动元件在系统中的作用和各种基本回路的构成，进而学会分析液压、气动系统的步骤和方法。

项目目标

1. 了解设备的功用及对液压系统动作和性能的要求。
2. 了解设备的功用及对气动系统动作和性能的要求。

技能目标

1. 读懂液压与气压传动系统原理图。
2. 分析液压与气压传动系统的组成及各元件在系统中的作用。
3. 初步学会分析液压与气压传动系统的特点。

素质目标

1. 培养学生跨学科学习能力，提高学生综合素质。通过整合不同学科的知识和方法，帮助学生形成跨学科的视野和思维方式，提高学生的综合素质和创新能力。
2. 引导学生掌握信息的获取、处理、分析和利用的能力，培养学生的信息素养，使其能够适应信息化社会的发展需求。

任务1 识读数控机床的液压系统

微课名称：
识读数控车床
的液压系统

任务目标

1. 读懂液压系统原理图。
2. 分析液压系统的组成及各元件在系统中的作用。
3. 初步学会分析液压系统的特点。

任务要求

1. 学会机床的总体布局和工艺要求，包括采用液压传动所完成的机床运动种类、机械设计时提出可能用的液压执行元件的种类和型号、执行元件的位置及其空间的尺寸范围、要求的自动化程度等。

2. 学会机床的工作循环、执行机构的运动方式（移动、转动或摆动），以及完成的工作范围。

3. 了解液压执行元件的运动速度、调速范围、工作行程、载荷性质和变化范围。

4. 了解机床各部件的动作顺序和互锁要求，以及各部件的工作环境与占地面积等。

5. 了解液压系统的工作性能，如工作平稳性、可靠性、换向精度、停留时间和冲出量等方面的要求。

6. 了解其他要求，如污染、腐蚀性、易燃性以及液压装置的质量、外形尺寸和经济性等。

注意事项

1. 在组合基本回路时，要注意防止回路间相互干扰，保证正常的工作循环。

2. 提高系统的工作效率，防止系统过热。例如功率小，可用节流调速系统；功率大，最好用容积调速系统；经常停车制动，应使泵能够及时地卸荷；在每一工作循环中耗油率差别很大的系统，应考虑用蓄能器或压力补偿变量泵等效率高的回路。

3. 防止液压冲击，对于高压大流量的系统，应考虑用液压换向阀代替电磁换向阀，减慢换向速度；采用蓄能器或增设缓冲回路，消除液压冲击。

4. 系统在满足工作循环和生产率的前提下，应力求简单，系统越复杂，产生故障的机会就越多。系统要安全可靠，对于做垂直运动提升重物的执行元件应设有平衡回路；对有严格顺序动作要求的执行元件应采用行程控制的顺序动作回路。此外，还应具有互锁装置和一些安全措施。

5. 尽量做到标准化、系列化设计，减少专用件设计。

实施流程

序号	工作内容	教师活动	学生活动
1	布置任务	下达任务书,组织小组讨论学习	接受任务,明确工作内容

（续）

序号	工作内容	教师活动	学生活动
2	知识准备	讲解液压传动系统在数控机床中的功用和性能要求,初步分析液压系统图,并分解为若干个子系统,分析组成子系统的基本回路及各液压元件的作用,实现每步动作	掌握卡盘夹紧回路的原理、组成及各元件在系统中的作用
			掌握回转刀架回路的原理、组成及各元件在系统中的作用
			掌握主轴变速回路的原理、组成及各元件在系统中的作用
			掌握尾座套筒移动回路的原理、组成及各元件在系统中的作用
3	实践操作	讲解数控机床液压系统的总系统图,根据设备对系统中各子系统之间的顺序、同步性、互锁性、防干扰能力等要求,组织学生进行数控机床的液压回路和电路的连接,并巡视指导	选择各元件
			液压支路的连接
			各液压支路的组合连接
			电气回路的连接
			液压回路的调试与模拟排除
4	考核评价	按具体评分细则对学生进行评价	按具体评分细则进行自评、组评

知识准备

一、卡盘夹紧支路

数控车床因其工件在高速旋转中进行切削加工,故对工件的可靠夹紧有其特殊的要求,并要保证在特殊情况下,如机床切削过程中出现故障、突然停电等情况下,工件被可靠地夹持。因此对其工件夹紧液压装置在安全可靠性方面需设有多重保护装置。工件的夹紧通常通过高速回转液压缸提供。轴向推拉力经拉杆连接到动力卡盘上,并经斜楔机构等将进给力放大成夹紧工件的径向夹紧力,如图 8-1 所示。

其工作过程为:工件的夹紧、松开。卡盘夹紧支路如图 8-2 所示。

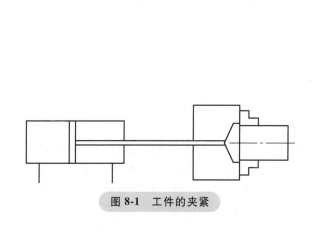

图 8-1 工件的夹紧

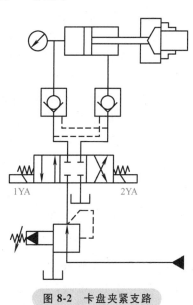

图 8-2 卡盘夹紧支路

数控车床切削工件通过动力卡盘夹紧,在高速回转液压缸规格确定后,其夹紧方式为:1YA 得电时活塞伸出夹紧工件,夹紧力可通过进油口的先导式减压阀调定;2YA 得电时活塞缩回松开工件;当夹紧力达到调定值时,换向阀断电,阀芯处于中位,并通过进、出油口的液压锁将活塞锁住,确保工件在合适的夹紧力下被加工,液压锁同时确保意外故障等情况下液压缸两腔油被困,使工件不松脱,从而起安全保障作用。

二、回转刀架的松夹与正反转

回转刀架换刀时,首先是刀架松开,然后转到指定的刀位,最后刀盘夹紧,如图 8-3 所示。

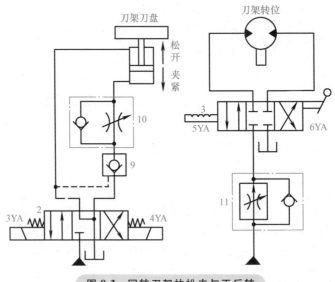

图 8-3 回转刀架的松夹与正反转

刀盘的夹紧与松开,由一个 Y 型机能的三位四通电磁换向阀 2 控制,换向阀与液控单向阀及调速阀组成自锁回路,4YA 通电时刀盘松开,当 3YA 通电时刀盘夹紧,自锁回路可以实现刀盘夹紧后的锁紧,消除了加工过程中刀架突然松开引起的事故隐患。

刀盘的旋转有正转和反转两个方向,采用液压马达实现刀盘换位是数控车床刀盘换位中常见的方式之一,三位四通手动换向阀 3 控制刀盘的正反转,调速阀 11 通过换向阀 3 的左右换位来控制刀盘旋转时的快速和慢速,以节省换位时间并确保到位时的减速,保证换位的正确性和定位精度。

其工作过程:当 4YA 通电时,阀 2 右位工作,刀盘松开;当 5YA 接通、6YA 断开时,刀架正转;当 5YA 断开,6YA 接通时,刀架反转;当 3YA 断电时,阀 2 左位工作,刀架夹紧。

三、主轴变速支路

主轴变速支路由三位四通电磁换向阀 4 及两位三通电磁换向阀 5 组成一个差动回路,如图 8-4 所示。节流阀开度一定时,当 7YA 通电、9YA 断电时,主轴为正常运动速度;当 7YA、9YA 同时通电时,液压缸两腔同时进油,由于两腔中液压油作用面积不同,以实现差动。调节节流阀的开度,可以实现主轴在高、低速区不同的转动。

四、尾座套筒移动支路

尾座套筒的前端用于安装活动顶针，活动顶尖在加工时用于长轴类零件的辅助支撑，其支路如图 8-5 所示。

尾座套筒的伸出与退回由一个三位四通电磁换向阀 6 控制。当 10YA 通电、11YA 断电时，系统压力油经减压阀 17→阀 6（左位）→液压缸无杆腔，套筒伸出，使顶尖顶紧于工件上；电磁换向阀 6 通过电气控制实现左、右位的互锁，尾座套筒能够保持所在位置，使顶尖在工件加工时能够处于稳定的位置上，且套筒伸出时的工作预紧力大小通过减压阀 17 来调整，并由压力表 16 显示，伸出速度由调速阀 12 控制；当 10YA 断电、11YA 通电时，套筒退回。

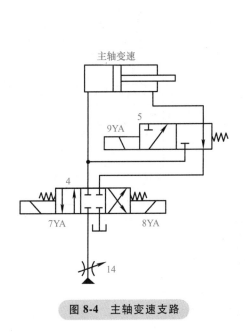

图 8-4　主轴变速支路

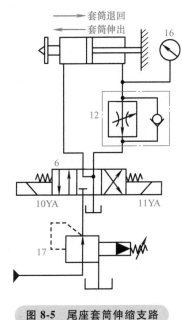

图 8-5　尾座套筒伸缩支路

实践操作

一、原理图的识读与元件的选择

1. 识读液压传动原理图

图 8-6 为数控车床液压系统原理图。该机床液压系统由 5 条液压支路组成，分别是卡盘夹紧支路、刀架转位支路、回转刀架的松夹支路、主轴变速支路和尾座套筒移动支路。

2. 选择元件及耗材

根据数控机床液压传动系统原理图列出元件及耗材清单，见表 8-1。

表 8-1　元件及耗材清单

元件名称	个数/个
液压缸	5
单向阀	3

（续）

元件名称	个数/个
单向节流阀	3
三位五通换向阀	5
二位三通换向阀	1
压力表	3
溢流阀	1
液压泵	1
油管	若干

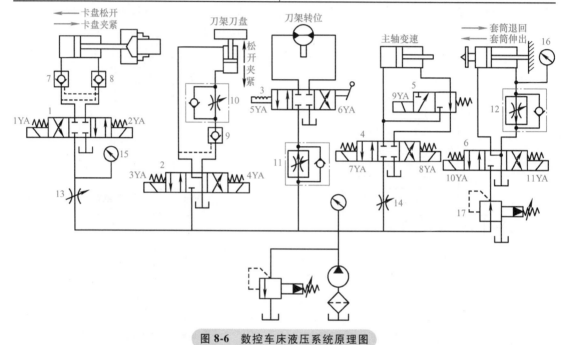

图 8-6　数控车床液压系统原理图

二、液压回路的安装与检查

1. 对照液压系统图，确定方案，安装元件

液压回路的安装过程，见表 8-2。

表 8-2　液压回路接线过程

步　骤	操　作　过　程
第一步	明确对液压传动系统的工作要求，拟定液压传动方案
第二步	根据工作部件的运动形式，合理地选择液压执行元件
第三步	根据工作部件的性能要求和动作顺序，列出可能实现的各种基本回路，拟定液压传动系统图
第四步	选择合适的调速方案、速度换接方案，确定安全措施和卸荷措施，保证自动工作循环的完成以及顺序动作和可靠性
第五步	按讨论并确定好的系统图连接油路
第六步	对连接好的液压回路进行调试
第七步	将调节好的液压回路进行演示，整理工具及元件

2. 液压回路的检查与故障排除

液压设备在运行中出现的故障大致有五类，即漏油、发热、振动、压力不稳和噪声。

当液压系统发生故障时，应认真的分析，这不仅要了解液压系统的工作原理，而且还要了解每个元件的结构原理及其作用。诊断方法有耳听、目测、手触感觉等方式，必要时可用专业仪器和实训设备进行检测。通过理论知识学习和不断实践积累经验，逐步学会液压系统故障的分析和排除方法。

数控机床液压系统连接过程中常出现的问题与排除方法，见表8-3。

表8-3　数控机床液压系统检查与故障排除

故障问题	排除方法
液压系统无压力或压力达不到调定值	过滤或更换液压油,清洗溢流阀,疏通阻尼孔,恢复其工作性能
机床进给速度不稳定	过滤或更换液压油,清洗单向调速阀
在加工过程中,发现有些零件加工变形超出了允许范围	调整锥阀,重新安装

小贴士

液压传动系统在数控机床中具有如下辅助功能：

1）自动换刀所需的动作，如机械手的伸缩、回转和摆动及刀具的松开和夹紧动作。

2）机床运动部件的运动、制动和离合器的控制、齿轮拨叉挂档等。

考核评价

实训任务完成后，进行考核与评价。具体评分细则见表8-4。

表8-4　识读数控机床的液压系统考核评价表

序号	评价内容	配分	自评	组评	教师评价
1	1. 能够完成液压系统传动系统图的设计 2. 熟悉液压实训设备的使用和操作方法 3. 检查实训设备的质量与周围环境是否合理、安全	10分			
2	1. 正确选择液压元件以及连接导线、油管的数量 2. 油路连接安全、可靠、规范 3. 过程中注意安全、规范操作,合理使用设备	10分			
3	1. 系统设计正确、合理 2. 液压元件连接正确 3. 调试方法是否正确 4. 是否功能齐全 5. 其他物品是否在工作中遭到损坏 6. 环境是否整洁干净,整体效果是否美观	60分			
4	严禁大声喧哗,按照实训要求进行操作,爱护设备,工作中不得损坏实训设备和物品,维护环境整洁干净	10分			
5	操作中严禁擅自离开工位,不做与实训内容无关的事,注意自身安全和他人安全,保证工作有序、安全地进行,工作中体现出责任感和创新思想	10分			

巩固与提高

简答题

1. 液压系统的常见故障有哪些？
2. 数控机床液压系统压力提不高应怎样处理？
3. 数控机床进给速度不稳定应怎样处理？

任务2　识读气动机械手气压传动系统

微课名称：
识读气动机
械手气压传
动系统

任务目标

1. 读懂气压传动系统原理图。
2. 分析机械手气压传动系统的组成及各元件在系统中的作用。
3. 初步学会分析气压传动系统的工作程序及其特点。

任务要求

1. 了解机械手构成。
2. 掌握气动机械手的工作程序。
3. 会选取和组装气动机械手的各执行机构，包括气爪、气缸等。
4. 学会气压传动系统的设计原理图。

注意事项

1. 气动机械手在装物操作时，应注意其回转半径及运作范围，以防止被运物体落下，造成人体受伤及设备损坏。

2. 气动机械手在操作时，应注意压力源的供应，防止瞬间中断，造成人体受伤及设备损坏。

3. 机器运行意外终止后，再启动时先查看是否有运输物品，如有应先将其取下，防止物品飞出，造成人体受伤及设备损坏。

4. 气缸不适用于某些特殊环境及场合。

实施流程

序号	工作内容	教师活动	学生活动
1	布置任务	下达任务书,组织小组讨论学习	接受任务,明确工作内容
2	知识准备	讲解气压传动系统在工业中的功用和性能要求,初步分析气动机械手原理图,并分解为若干个子系统,分析组成子系统的基本回路及各气动元件的作用,实现每步动作	掌握手爪回路的原理、组成及各元件在系统中的作用
			掌握手爪提升臂回路的原理、组成及各元件在系统中的作用
			掌握手臂回路的原理、组成及各元件在系统中的作用
			掌握手臂回转回路的原理、组成及各元件在系统中的作用

（续）

序号	工作内容	教师活动	学生活动
3	实践操作	讲解气动机械手的总系统图,根据设备对系统中各子系统之间的顺序动作要求,组织学生进行机械手气动回路和电路的连接,并巡视指导	选择元件
			气动支路的连接
			各气动支路的组合连接
			电气回路的连接
			气动回路的调试与模拟排除故障
4	考核评价	按具体评分细则对学生进行评价	按具体评分细则进行自评、组评

知识准备

一、气动机械手的简介

气动机械手是机械手的一种,它具有结构简单、重量轻、动作迅速、平稳可靠、不污染工作环境等优点,它要求工作环境洁净、工作负载较小,在自动生产设备和生产线上应用广泛,它能按照预定的控制程序动作。图8-7为一种简单的气动机械手的结构外观图,它由4个气缸组成,能实现手指夹持、手臂伸缩、手爪立柱升降、回转4个动作。

图8-7 气动机械手结构外观图

二、气动机械手的组成

气动机械手包括手部、手腕、手臂和立柱等部件。

1)手部。即与物件接触的部件。由于与物件接触的形式不同,可分为夹持式和吸附式。在本次实训中采用夹持式手部结构。夹持式手部由手指（或手爪）和传力机构构成。

2)手爪提升臂。它是连接手部和手臂的部件,并可用来调整被抓取物件的方位（即姿势）。

3)手臂。手臂是支撑被抓物件、手部、手腕的重要部件。手臂的作用是带动手指去抓取物件,并按预定要求将其搬运到指定的位置。工业气动机械手的手臂通常由驱动手臂运动的部件（如液压缸、气缸、齿轮齿条机构、连杆机构、螺旋机构和凸轮机构等）与驱动源（如液压、气压或电动机动力源等）相配合,以实现手臂的各种运动。

4)立柱。立柱是支撑手臂的部件,也可以是手臂的一部分,手臂的回转运动和升降（或俯仰）运动均与立柱有密切的联系。机械手的立柱因工作需要,有时也可做横向移动,即称为可移式立柱。

5)机座。机座是机械手的基础部分,机械手执行机构的各部件和驱动系统均安装于机座上,起支撑和连接的作用。

三、气动机械手的特点

（1）介质提取和处理方便 气压传动系统工作压力较低,工作介质提取容易而后排入大气,处理方便,一般不需设置回收管道和容器,介质清洁,管道不易堵塞,不存在介质变质及补充的问题。

（2）阻力损失和泄漏较小　在压缩空气的输送过程中，阻力损失较小，空气便于集中供应和远距离输送。外泄漏不会像液压传动那样造成压力明显降低和严重污染。

（3）动作迅速，反应灵敏　气动系统一般只需要 0.2～0.3s 即可建立所需的压力和速度。气动系统也能实现过载保护，便于自动控制。

（4）能源可储存　压缩空气可存贮在储气罐中，因此发生突然断电等情况时，机器及其工艺流程不至突然中断。

（5）工作环境适应性好　在易燃、易爆、多尘埃、强磁、强辐射、振动等恶劣环境中，气压传动控制系统比机械、电气及液压系统优越，而且不会因温度变化影响其传动及控制性能。

（6）成本低廉　由于气动系统工作压力较低，因此降低了气动元件、辅助元件的材质和加工精度要求，制造容易，成本较低。

实践操作

一、原理图的识读与元件的选择

1）识读气动机械手示意图，如图 8-8 所示。

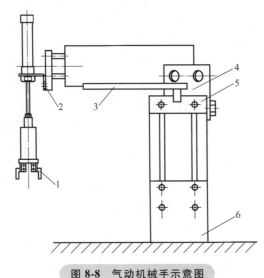

图 8-8　气动机械手示意图

1—气动手爪　2—提升气缸　3—伸缩气缸　4—左右限位固定架
5—旋转气缸　6—搬运单元固定架

图 8-9 为一种通用机械手气动系统工作原理图，要求整个搬运机构能完成 4 个自由度动

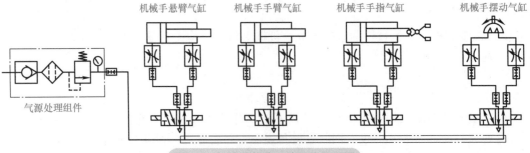

机械手悬臂气缸　　机械手手臂气缸　　机械手手指气缸　　机械手摆动气缸

气源处理组件

图 8-9　机械手气动系统工作原理图

作：手臂伸缩、手臂旋转、手爪上下运动、手爪松紧。

2）选择元件及耗材。根据气动机械手实训列出元件及耗材清单，见表8-5。

表8-5　元件及耗材清单

元件名称	个数
单杆双作用气缸	1只
单作用气缸	1只
气手爪	1只
旋转气缸	1只
缓冲阀	2只
双控电磁换向阀	4只
气泵	1个
气动三联件	1套
气管	若干

二、气动回路的安装与检查

1. 对照气动系统图，确定方案，安装元件

气动回路的安装过程见表8-6。

表8-6　气动回路的安装过程

步骤	操作过程
第一步	明确对气压传动系统的工作要求,拟定气压传动方案
第二步	根据工作部件的运动形式,合理地选择气动执行元件
第三步	根据工作部件的性能要求和动作顺序,列出可能实现的各种基本回路,拟定气压传动系统图
第四步	选择合适的机械手运行方案,确定安全措施和卸荷措施,保证自动工作循环的完成和顺序动作以及可靠性
第五步	按讨论并确定好的系统图连接气动回路
第六步	对连接好的气动回路进行调试
第七步	将调节好的气动回路进行演示,整理工具及元件

2. 气动回路的检查与故障排除

气动机械手组装过程中常出现的问题与排除方法见表8-7。

表8-7　气动机械手的检查与故障排除

故障问题	排除方法
液压系统无压力或压力达不到调定值	调节气动三联件的开关和减压阀
手臂进给速度不稳定	调节调速阀
在运行过程中,机械手手臂存在振动情况	调整调速阀,加装减压装置

小贴士

发明第一台机器人的正是享有"机器人之父"美誉的恩格尔伯格先生。

恩格尔伯格是世界上著名的机器人专家之一，1958 年他建立了 Unimation 公司，并于 1959 年研制出了世界上第一台工业机器人，他对创建机器人工业做出了杰出的贡献。

考核评价

实训任务完成后，进行考核与评价。具体评分细则见表 8-8。

表 8-8　识读气动机械手气压传动系统考核评价表

序号	评价内容	配分	自评	组评	教师评价
1	1. 能够完成气压系统传动系统图的设计 2. 熟悉液压实训设备的使用和操作方法 3. 检查实训设备的质量与周围环境是否合理、安全	10 分			
2	1. 正确选择气动元件以及导线、气管的数量 2. 气路连接安全、可靠、规范 3. 过程中注意安全、规范操作，合理使用设备	10 分			
3	1. 系统设计正确、合理 2. 气动元件连接正确 3. 调试方法正确 4. 功能齐全 5. 其他物品在工作中未遭到损坏 6. 环境整洁干净，整体效果美观	60 分			
4	严禁大声喧哗，按照实训要求进行操作，爱护设备，工作中不得损坏实训设备和物品，维护环境整洁干净	10 分			
5	操作中严禁擅自离开工位，不做与实训内容无关的事，注意自身安全和他人安全，保证工作有序、安全进行，工作中体现出责任感和创新思想	10 分			

巩固与提高

简答题

1. 气动机械手可以完成哪些动作？

2. 气动机械手有哪些优点？

3. 气动机械手手臂进给速度太慢应该怎么办？

参 考 文 献

［1］ 刘建明. 何伟利. 液压与气压传动 ［M］. 4 版. 北京：机械工业出版社，2019.

［2］ 马振福，柳青. 液压与气压传动 ［M］. 2 版. 北京：机械工业出版社，2021.

［3］ 许亚南，陈秋一，汤家荣. 液压与气压传动技术 ［M］. 北京：机械工业出版社，2010.

［4］ 芮菊芳. 液压与气动 ［M］. 北京：高等教育出版社，2011.

［5］ 张利平. 液压系统典型应用 100 例 ［M］. 北京：化学工业出版社，2015.